ORIGINAL
JAGUAR E-TYPE

フィリップ・ポーター 著
相原俊樹 訳

BOOKS

カバー撮影　岡倉禎志
カバーデザイン　Sur 小倉一夫

ORIGINAL
JAGUAR E-TYPE

Philip Porter

Photography by Tim Andrew
Edited by Mark Hughes
Japanese Translation by Toshiki Aihara

ORIGINAL JAGUAR E-TYPE

1961-1975
3.8 4.2 V12 ロードスター クーペ 2+2

原題＝Original Jaguar E-Type

2002年11月15日　発行

著者＝Philip Porter

翻訳者＝相原俊樹

発行者＝渡邊隆男

発行所＝株式会社 二玄社

東京都千代田区神田神保町2-2　〒101-8419

営業部：東京都文京区本駒込6-2-1　〒113-0021

電話 03-5395-0511

ISBN4-544-04080-9

This edition first published in 1990 by Bay View Books Ltd. under the title:
Original Jaguar E-Type
© Bay View Books Ltd, 1989

Published by MBI Publishing Company LLC,
Galtier Plaza, 380 Jackson Street, Suite 200, St. Paul, MN 55101-3885 USA

by arrangement through The Sakai Agency, Inc.

Printed in China

JCLS (株)日本著作出版権管理システム委託出版物
本書の無断複写は著作権法上の例外を除き禁じられています。複写を希望される場合は、そのつど事前に (株)日本著作出版権管理システム(電話 03-3817-5670, FAX 03-3815-8199)の許諾を得てください。

CONTENTS

序章	6
Eタイプ　過去と現在	8
シリーズ1　3.8ℓ	**10**
生産上の変更点	30
オプション	35
カラースキーム	35
シャシーナンバー／日付	35
シリーズ1　4.2ℓ	**36**
生産上の変更点	49
オプション	51
カラースキーム	51
シャシーナンバー／日付	51
シリーズ1½　4.2ℓ	**52**
生産上の変更点	56
オプション	56
カラースキーム	57
シャシーナンバー／日付	57
シリーズ2　4.2ℓ	**58**
生産上の変更点	73
オプション	75
カラースキーム	75
シャシーナンバー／日付	75
シリーズ3　5.3ℓ　V12	**76**
生産上の変更点	92
オプション	93
カラースキーム	93
シャシーナンバー／日付	93
バイヤーズガイド	**94**
納車台数	**95**

序章

私は本書を"オリジナルな"Eタイプの姿を知りたいと思う人たちのガイドとして記した。だから仰々しい規則を定めたり、他人の愛車をこう仕上げるべしと頭ごなしに押しつける気は毛頭ない。どんなルールにもとづいてどう仕上げるか、最後の判断はオーナーの一存に委ねられているのであり、その基礎となるのはオーナー個人の好みなのだから。「そのレストアは間違っている」などと他人の好みに口を挟む権利は私にも誰にもない。

また事実のみを私の独善で並べ立てただけの本にするつもりもない。そんな本を前にしたら読者との自由な意見交流がなくなってしまう。オリジナリティーを主題にした書物を著すということは、揉め事の原因を作るようなもので、必ず際限のない議論の温床になるものなのだ。

私がもしEタイプを扱う姉妹書を書く運びになったら、どこからでもいい、大がかりなレストアを受けたことのない完全にオリジナルな車を見つけようと、前作の"オリジナル・ジャガーXK"が発刊されないうちから、そう心に決めていた。EタイプはXKよりは新しいモデルなので、この前提は思いの他楽に達成できた。

とはいうものの、この本に登場する車の1台は工場を出たままの状態ではない。素晴らしい3.8ロードスターはデイヴィド・ウォローの手により、細部のオリジナリティーにとことんこだわって組み直した車だ。デイヴィドはこの世界の大御所で、この本の出版に間に合うよう車を完成させるため、自分のスケジュールを前倒ししてくれたのだった。

各々のモデルについて、例えば"スプリング・クリップを固定するピン"のような細かな部品の変更点を漏れなくリストアップしても、実際にはあまり意味がないし、第一不可能だ。恐ろしく分厚くて、退屈きわまりない本になるだけだ。本書では実例を示すために選んだ車の写真を大いに参考にしていただき、写真を補うために本文をお読みいただけたらと思う。

写真の話が出たところでティム・アンドリューのカメラマンとしての技術に感謝を申し上げたい。この本がこれほどまで魅力的に仕上がったのは、ティムの細やかな配慮とハードワーク、それに見事な手腕のおかげだ。それどころか、私がXKの続編に取り組むという厄介な仕事を引き受ける気になったのは、ティムにぜひやるべきだと強く勧められたからなのだ。ティムは十指に余る目

も覚めるようなEタイプを目の当たりにして、これを一冊の本にまとめない手はないと考えたのだった。

この本に登場する車を捜し回る作業のなかで、じつに大勢の方と話をした。だれもが喜んで助力を申し出てくれ、実際何人かにはお力添えをいただいた。なかでも最もお世話になったのは、私の昔からの友達であるジェレミー・ウェードだ。私はジェレミーの意見を高く評価している。ちなみに彼は、陶磁器で有名なポッタリーズ地区に、素晴らしい車を系統的に保存している目利きコレクターだ。共通の世界の住人として、ウィルとトム・スウィンナートンからも貴重な援助を賜った。

そして素晴らしい愛車の撮影を許可くださり、そのためにあらゆる便宜をはかってくださった次の方々に、心から感謝申し上げたい。デイヴィド・ウォロー（3.8ロードスター）、ジェフリー・パダン（赤の3.8クーペ）、ジョン・バートン（グリーンの3.8クーペ）、ジョフリー・ロビンソン（シリーズ1 4.2 2+2クーペ）、ブライアン・クロックネル（シリーズ1 4.2 2+2）、ジェレミー・ウェード（シリーズ1½クーペ、シリーズ3 2+2）、ピーター・フレワー（銀のシリーズ2ロードスター）、クライヴ・オスターベリー（グリーンのシリーズ2ロードスター）、ロン・バック（シリーズ2クーペ）、ピーター・ローソン（シリーズ2 2+2）、ロバート・ローズ（シリーズ3ロードスター）。

事実をつなぎ合わせるために、私はパーツリストや、メーカーが仕様変更を行った際、適宜発行するリペアーおよびパーツに関する回覧、定期刊行物を細かく調べ、写真を子細に眺め、様々な専門家と話を交わした。例えばフェニックス・エンジニアリングのテリー・ムーアとは延べ8時間対談した。Eタイプのパーツ販売業を営んで20年以上という人物だ。ピーター・ローソンからも助言を得たのだが、実に楽しく熱のこもった対談だった。内装に関してはXK同様、ジャガーにあって内装を担当していたミック・ターリーとエリック・サフォークにすっかりお世話になった。この分野に関して二人の右に出るものはいない。

この本に書かれている内容について、あれこれと例外規定を設けたり注釈をつけたりしたいという思いを私はすんでのところで思い留まった。仮に間違いがあったとしても5本の指の中に収まり、それを別とすればここに銘記された事実はほぼ全面的に事実であり、結果として避けられなかったミスは全体からみればごく瑣末な比率に留まっていることを願うばかりだ。

レストアにあたり、メーカーがストライキ等の理由で次々に変わったため、同じパーツでも数種類あることは念頭に置いていただきたい。

私個人はてこでも動かない純粋主義者ではないし、コンクール・デレガンスの類にはほとんど食指が動かない。普段遣いに走らせるのが一番大切だと個人的には考えている。そもそもEタイプはそういう趣旨で造られたのだと思っている。

転売価値について触れておこう。悲しいかな昨今これが最重要項目になりつつある。美的観点からいっても、オリジナルであるほど高値がつき、評価も高い。ストライプやボディペイント、紫のカーペットなどで"ドレスアップ"した時代が二度と来ないようにと願うばかりだ。

マルコム・セイヤーは目も覚めるようなスタイルを創造した。サー・ウィリアム・ライオンズは細部の処理に独特の持ち味を発揮した。ウィリアム・ヘインズを筆頭とする優秀なエンジニアリング・グループはDタイプのコンセプトをさらに一段高いところまで開発した。こうして他に比べられるライバルのない、独自の境地にある車が造り上げられた。同好の愛好家諸氏が時間による荒廃から車を救い出すにあたって、ささやかなりとも本書がお役に立ち、"オリジナル"のEタイプが沢山生まれる一助となれば、筆者としてこれに勝る喜びはない。

Eタイプ 過去と現在

　自由な発想を抑えこむ規制にがんじがらめにされ、安っぽくて似たりよったりのワンボックスカーがはびこっている現代に生きる私たちにとって、1961年3月発表になったEタイプがもたらした衝撃を想像するのは難しい。一口に言って一大センセーションだった。1948年に発表されて大反響を呼んだXK120の再現、いやそれ以上の事件だった。

　よく知られているように、1950年代、ジャガーは自社の名前を世界中に知らしめるための跳躍台として国際レースを利用した。最初はCタイプが、次にDタイプがルマンで優勝を果たした。ウィリアム・ヘインズ率いる小さなエンジニアチームは、50年代中盤にDタイプの後継車を設計、製作した。

　ルマンでの連勝を目指したこの車を、公道を走れるように乗りやすくした上で販売する計画もあった。計画途中で取りやめになったXKSSの血筋を引く車になるはずだった。しかし時間が経過するとともに、このプロジェクトはよりロードカーの色彩を強めていき、最終的にEタイプとして日の目を見るのである。その間には、DタイプとEタイプの間隙を埋めるレーシングバージョンであるE2Aが開発されるという幕間劇もあった。ジャガーはこの車を大急ぎで組み立て、1960年のルマンにエンターしたのだが、いかんせん登場するのが2年遅かった。まだ熟成不足だった上、XKエンジンから派生した3リッターはまったく信頼性に欠け、チームの足を引っ張った。こうしてE2Aは失敗作に終わる。

　一方ロードカーは1961年3月のジュネーブ・ショーでついにデビューを飾った。まだ生産体制が整っていないというのにEタイプは前例のない反響を呼んだ。デビュー後の数か月は実はまだ開発の最終段階にあり、パーツが変更になったり、工作機械を造ったり、生産計画を立てている状態だったので、この間の生産台数はごく少ない。ようやく生産が軌道に乗ると、大多数は大西洋を越えて主たる市場であるアメリカに渡った。そもそもEタイプはアメリカで売るのを念頭に設計されたのであり、アメリカで一番売れるようになることは事前にわかっていた。Eタイプがレースで活躍するにつれ、納車を待つ顧客のリストは長くなっていった。Eタイプの緒戦でグレアム・ヒルはフェラーリやアストン勢を向こうに回し優勝、恰好だけの車でないことを立証してみせた。

　XKエンジンの3.8リッター版に、XK150 "S" 同様3個のキャブレターを備えたEタイプは、240km/hクラスの高性能車だった。途方もない加速力は、素晴らしい柔軟性と強大なトルクを両立していた。新しい後輪独立サスペンションは優秀なロードホールディングと乗り心地を提供し、スポーツカーの快適性に新たな基準をもたらした。ボディはロードスターとクーペの2種類が用意された。Eタイプにあって唯一批判が集中したのはギアボックスとブレーキだった。前者は素早いシフトワークを拒み、1速がノンシンクロだった。後者はこれほどの高性能車にとってはまったく力不足だった。

　1964年大きく改善された新しいギアボックスを備えた4.2リッターEタイプが登場する。エンジンはトルクがはるかに大きくなり、運転が楽しい車になった。しかし一部にはスポーティーさに欠け、高回転まで回りたがらないとの声もあった。エンジン以外には大きな変更はないが、室内では出来の悪かった3.8のシートに代わって改良版が備わった。

　2年後Eタイプの商品性が高まった。オケージョナル4シーター、通称2＋2がシリーズに加わったのだ。ホイールベースを9in（229mm）伸ばし、ルーフラインを高くして、ごく小さなベンチシートをリアに押しこんだ。またホイールベースが伸びたおかげで、Eタイプとして初めてオートマチック・トランスミッションがオプションで組み合わされるようになった。

　アメリカ連邦基準の安全性を満たすため、1967年から1968年の間、北アメリカ向けの輸出車は幾多の変更を余儀なくされた。締めつけが次第にきつくなっていくのに合わせて、ジャガーはこの問題に二段階で取り組んだ。まず中間モデルが67年後半に導入になった。このモデルは"シリーズ1½"と呼ばれるようになる。第二手は68年後半に登場したシリーズ2だ。

　シリーズ1½は謎めいたモデルで、これに関してはいまだ諸説入り乱れている。特にアメリカ仕様について言えるのだが、最初は数か所に明らかな変更を施したシリーズ1としてスタートを切った。その後シリーズ2に採用されることになるアイテムをどんどん先取りしていったのだが、このあたりの事情はジャガー自身の情報も大雑把で、シリーズ1½に関して私たちは明言を避けざるをえないというのが実情だ。

　シリーズ2は一部オリジナルの微妙なラインを台無しにする手直しを受け、従来型と比べてかなり外観が変わ

った。スタイルは犠牲になったかもしれないが、これは最も実用に適したEタイプだ。ブレーキは改良されたし、オーバーヒートしにくくなり、エアコンが必要不可欠な輸出先には工場オプションで装着できたのだから。一方ボディ形状がクリーンでなくなり、有害排気物を減らす仕掛けが増えた分、XKエンジンの切れが鈍くなり、性能が大幅に落ちこみはじめたのもこの時期だ。

Eタイプの刷新版用にジャガーが用意した回答が、1971年3月発表の素晴らしい新型V12エンジンだ。ジャガーにとってサルーンはEタイプ以上の稼ぎ頭だ。そのサルーンにV12の新型量産エンジンを搭載するに先立って、この最後のEタイプはテストベッドの役割も果たした。外観はさらに大きく変わった。特徴的なノーズ開口部にはグリルが追加になり、ホイールが幅広になったのでホイールアーチに小さなフレアが付いた。2座クーペはカタログから落とされ、ロードスターは2+2と同じホイールベースを共用するようになった。

V12エンジンは多方面から賞賛されたものの、かえってEタイプのコンセプトそのものが時代後れであることが明らかになってしまった。同様に、ステアリングがパワーアシストになり、エンジンが絹のように滑らかで静かなため、「Eタイプは骨抜きにされた。もう生粋のスポーツカーではない」との声も一部から上がった。最終モデルが成功作でなかったことだけは確かで、アメリカでは信頼性不足からジャガーの評判は地に落ちた。クーペが1973年9月カタログから消え、ロードスターの生産もそれからちょうど1年後に終了した。時代の流れは避けがたいとはいえ、寂しい結末だった。

次期モデルに取って代わられ、人気がなくなった初期モデルは、安価であるが故に、Eタイプが好きでもない、あるいは維持するだけの余裕のない人の手に落ちていった。こうして初期型のイメージは次第に失墜していく。

「Eタイプは手を掛けないと必ず駄目になる。そもそも長寿命など念頭に置かないで造られた車なのだから」そんな正論に耳を貸す人はいなかった。70年代に入るとEタイプはコレクターズアイテムになっていくが、一般の人々にとって大枚を払う価値のある車ではなかった。さらに"ぼったくり"専門の業者が少々パテ盛りして、タッチペイントしただけの車を大量に売りさばいた。

今では状況はよくなりつつある。パーツのストックが潤沢なのは間違いない。Eタイプほど広範に交換部品が手に入る車はちょっと他にない。ボディシェルの完成品だって売られているのだから。ボディシェルは車のなかで最も大きなパーツだから、これを捨てて新品に交換するというのはオリジナリティーの大半を失うわけだ。だが、新しいボディシェルがあれば大々的なリビルドに取りかかる上で大いに助かるのも事実だ。

70年代には取引価格が数百ポンドから数千ポンドに急騰したが、その後80年代序盤に妥当な線に落ちついたようだ。株式市場における相場の大暴落、ドルに対するポンド高、80年代に入って大勢の人々の懐具合がよくなった。理由はともあれ80年代終わりに向かってヨーロッパの通貨価値が再び急騰したのは確かだ。

車の取引価格は常に相対的に決まる。Eタイプの新車価格と70年代序盤の価格に比べると、現在の価格は高いように思われる（もちろんインフレ要因を考慮に入れる必要があるが）。しかし新車価格についていえば、あるいはフェラーリやアストン・マーティンと比べれば、Eタイプの値づけは今でも驚くほど安いと私には思える。

その理由の一つが生産された量である。Eタイプ各々のモデル、特にオリジナルの右ハンドル車が実に希少であることを知っている人が何人いるだろうか。フェラーリは365GTB/4デイトナを1350台前後、246ディーノを3883台（ベルリネッタが2609台、GTSが1274台）製造した。アストン・マーティンはDB4を1100台前後製造し、うち1000台ちょっとがクローズドクーペだ。DB5も似たようなもので、うち123台がコンバーチブルだ。DB6クローズドクーペの生産台数は1700台に迫り、6気筒DBSの総数は787台だった。

イギリス国内市場向けの右ハンドルEタイプに絞っての話ではあるが、それでもこの比較は意味があるし興味深いと思う。3.8ロードスターの生産量はわずか756台、3.8クーペは1559台に過ぎないのだ。シリーズ1 4.2に話を広げても、各々の数は1054台と1697台に留まる。シリーズ2になるとさらに少なく、692台と952台に過ぎない。2000の大台に迫るのはV12のロードスターと2+2だけで、それぞれ1735台と1827台が造られている。ちなみに右ハンドル車には輸出された車がごく少数ある。

右ハンドルEタイプは非常な希少車である、そう結論づけても異論はなかろう。中古車市場がこの事実を本当に理解しているかこれからも興味のあるところだ。ただ珍しいというだけではない。Eタイプは際立って実用に耐える車である事実がどこまで認識されているだろう。パーツ価格は高価に思われがちだが、先ほど挙げたライバルとの比較においては安い。Eタイプのリビルドにはさしたる手間は掛からない上に、どのブランドと比べてもその格式と伝統では引けはとらない。

Eタイプのモデル同士の価格にも触れておこう。ロードスターはクーペの2倍というのが今の相場だ。ロードスターの方が高価なのは当然としても、2倍というのは驚きだ。将来値差は縮まると私は期待をこめて見ている。個人的にはどちらも好きだが、ロードスターの人気が高い一方で、クーペのスタイルは非の打ち所もない傑作という人も大勢いる。いずれにしてもこれだけは断言しておく。クーペをロードスターにコンバートするなどもってのほかだ。かつてそういう例が実際あったのだ。

本稿執筆の時点では最初期モデルと最後期モデルが一番高価だ。4.2の上がり幅は小さく、ヘッドライトにカバーのかからない6気筒の上がり幅はさらに小さい。2+2が人気薄なのは驚くには当たらない。

将来に目を転じると、私は3.8が他モデルを圧して価値を持つようになるだろうと見ている。確かに機構的には最良のEタイプではないが、走らせると他のモデルにはない独特の持ち味を発揮するのだ。Eタイプ一族の最も古株という事実に留まらず、性能、希少性、純粋なスタイリングが見事に相まって魅力的だ。

シリーズ1 3.8ℓ

ボディ

　Eタイプのボディは、モノコックとチューブラーフレーム構造を併用している。フロントバルクヘッドから後方のボディは完全なモノコックで、このバルクヘッドにチューブにより形成されるフロントサブフレームがつく。サブフレームは台座6箇所（各々4本のボルトを用いる）と、トランスミッショントンネル部の固定具2箇所でバルクヘッドに固定される。このサブフレームにフロントサスペンションがつき、エンジンが載る。

　モノコックは前後ホイールアーチの間、および前後バルクヘッドのボックスメンバーの間を走る2本のメインチューブから成り立ち、これがインナーおよびアウターシルを形成する。モノコックのフロント部はUの字を反転させた形の複雑な構造で、フットウェル側面から立ち上がり、フットウェル部を横断し、ストレスメンバーとしてボディ外皮と組み合わされる。

　前後バルクヘッドを繋ぐトランスミッショントンネルにより、強度はさらに増している。各セクションを一つに繋いでいるのがフロアで、他のパネル同様スチール製だ。フロアにはサイドシルからトランスミッショントン

オープン2シーターモデルはむしろロードスターと呼ばれる方が一般的になった。ナンバープレートは、この車がたった756台だけ造られた、右ハンドル3.8ロードスターのちょうど30台目にあたることを示している。

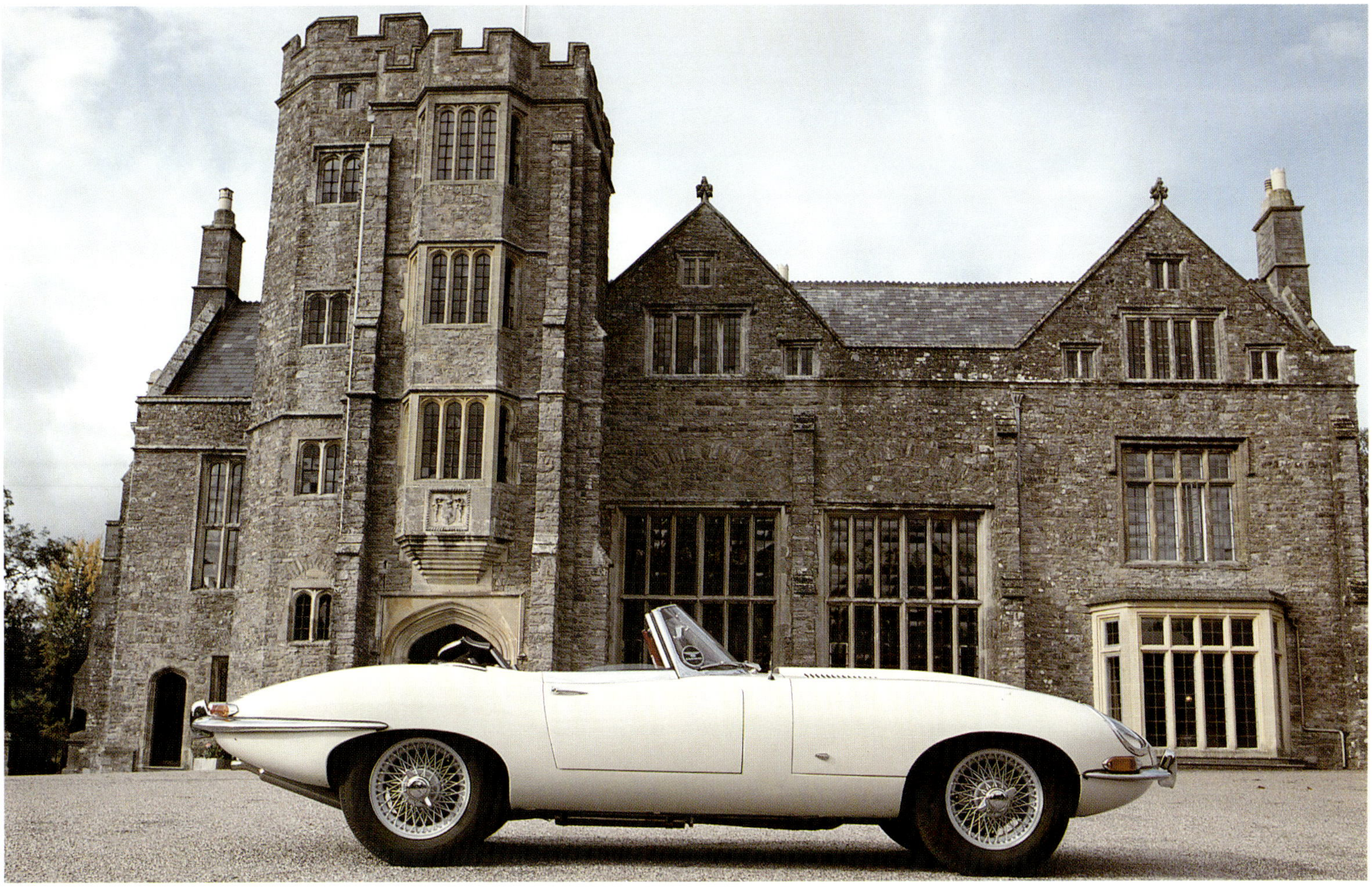

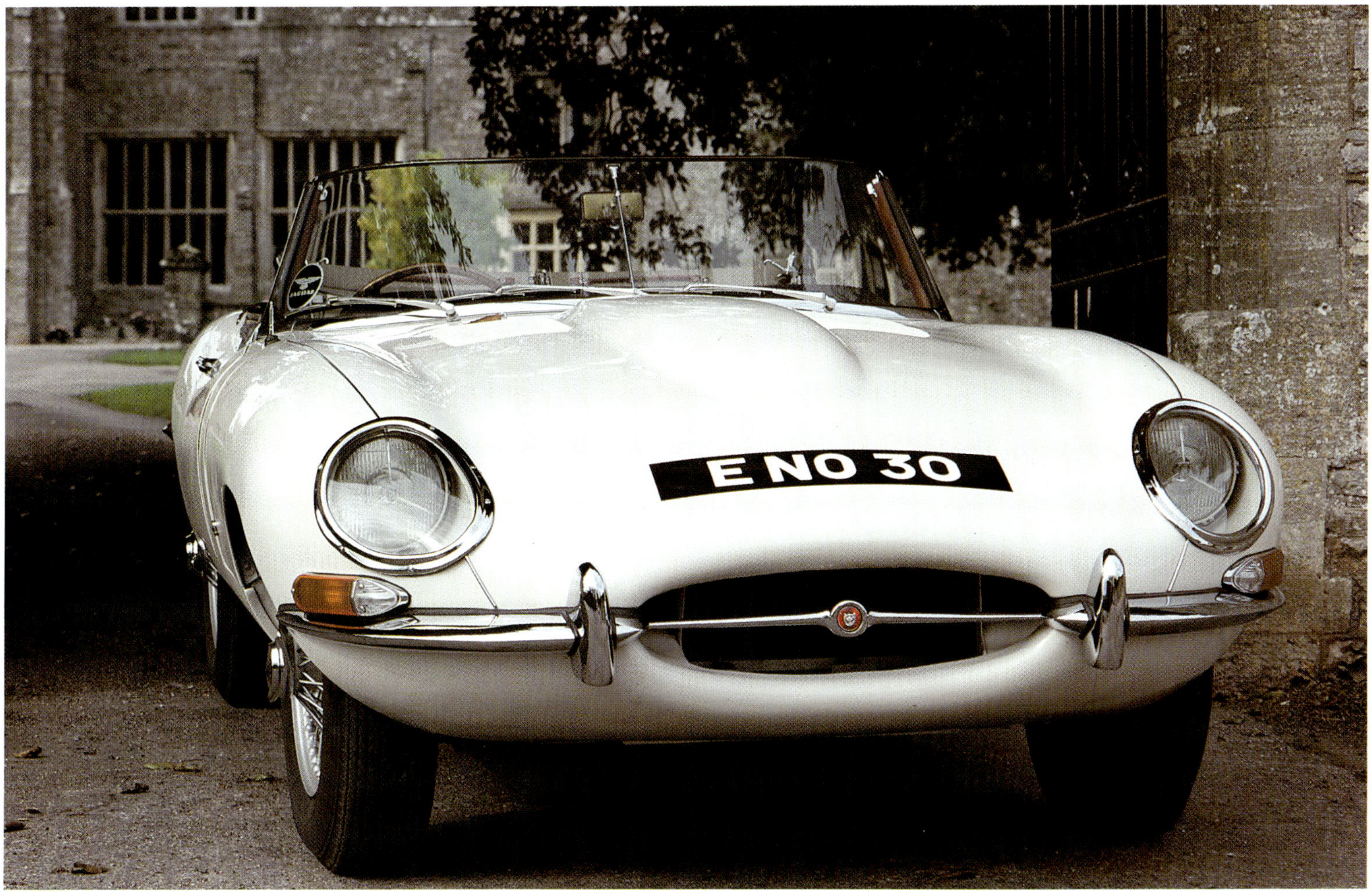
E NO 30

完璧なレストレーションは粘りと細心の注意の賜物。

ネルにかけて横方向に角形のリブが走っている。

ドアはAポストに固定された1箇所のヒンジが支える。そのAポストはフロントバルクヘッドと一体構造だ。ドアはリアフェンダーに溶接されたパネルに覆いかぶさるように閉じる。ロードスターの場合、リアフェンダーと前後インナーフェンダーは、シル、リアクォーターパネル、トランクリッド開口部上下のトノーパネルに取りつけられる。角形の強化リブが3本走るトランクフロアはインナーフェンダー、リアトノーアッセンブリー、リアクォーターに溶接される。一方クーペの場合、リアフェンダーはルーフパネルに溶接されている。

フロントボディは基本的に前ヒンジのボンネットにより成り立っている。ボンネットは様々なパネルで構成されるが、その中でもフロントフェンダー(センターパネルにボルト留めされる)、フロントアンダーパネル・アッセンブリー、左右スカートが最も大きいセクションだ。

次ページ：ジュネーブ・ショーでデビューし、展示されたのはクーペのみだったが、ロードスターと共にクーペ版も生産する決定が下ったのはその数か月後だった。この車は新車から8万3000kmしか走っていない。リアウィンドーを取り囲むクロームトリムがこの車にはついていない。オーナーは懸命に探しているのだが、どうしても見つからないのだ。

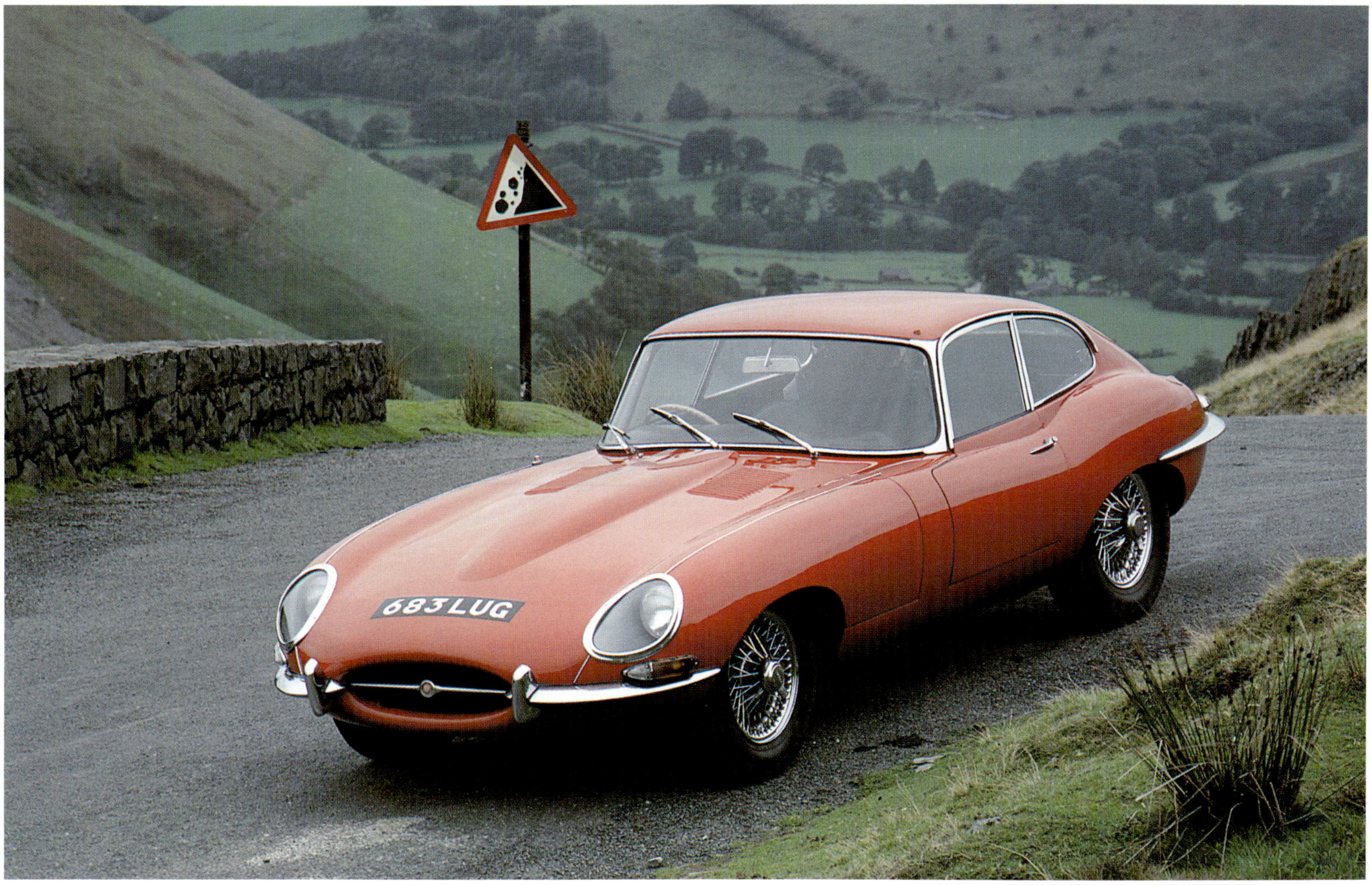
683 LUG

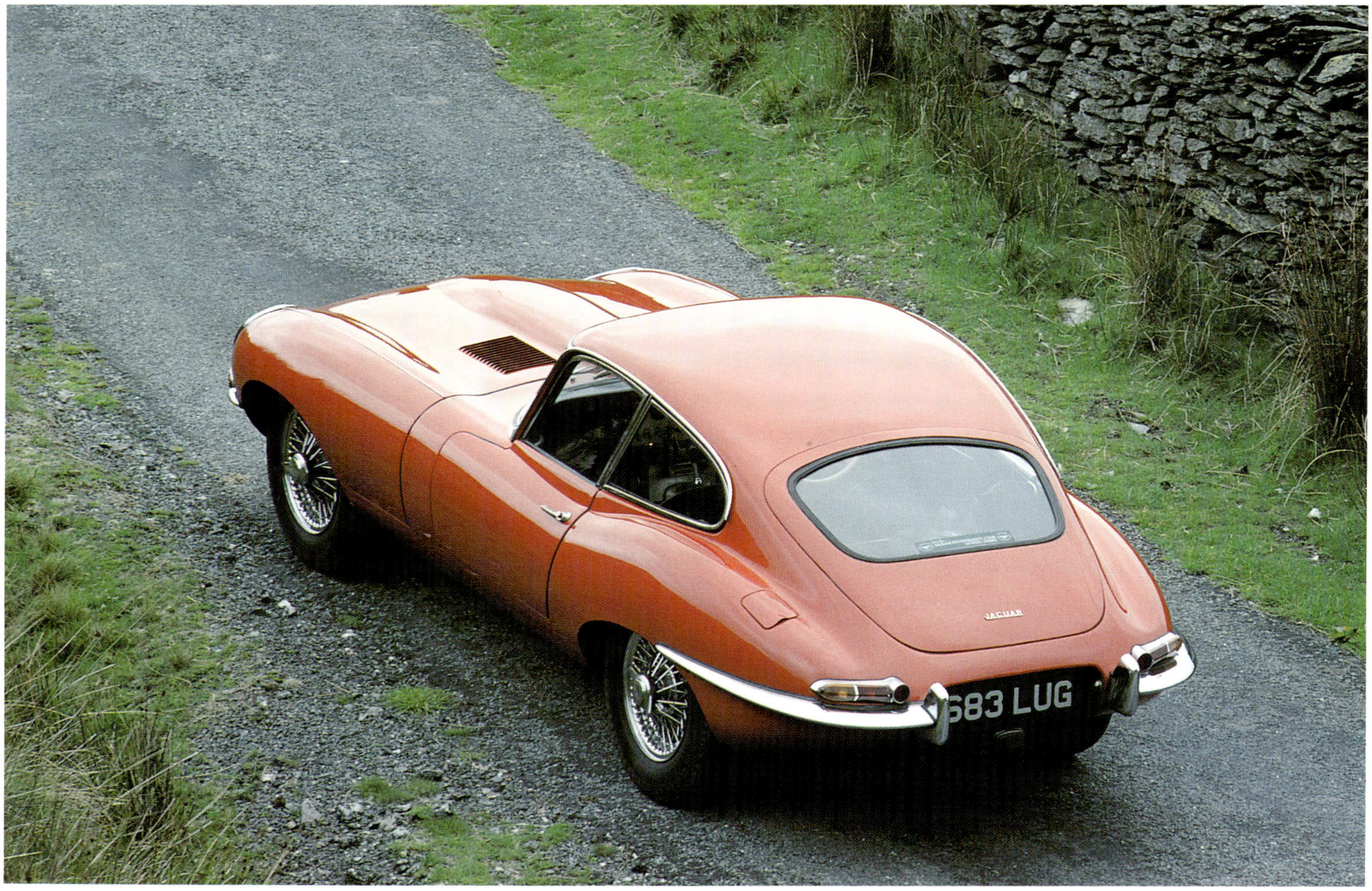
683 LUG

センターパネルにはルーバーが切られた部分が2箇所ある。この部分はごく初期型では別部品のプレスで裏からはめこまれていた。

ロードスターのトランクリッドはゆるやかな曲面を描いたパネルで、端部は十字型の構造材に重なるように折り返してあり、捩じれ剛性を増している。

パネルは全て約0.8mm厚（20ゲージ）の軟鋼板でできている。アウターシルとバルクヘッドサイドパネルの間、アウターシルとリアフェンダーとのつなぎ目、およびトップリアフェンダーのつなぎ目は、溝を隠すためハンダで埋めてある。ホイールアーチ後方のリアフェンダー下端部エッジとリアクォーターは、溶接が楽なようにフランジが外部に出ており、リアバンパーがこのフランジを見えなくしている。

クーペのボディシェルもロードスターと構造は共通で、同じパネルを多く共用している。クーペの場合、ウィンドスクリーン頂部から始まり、ナンバープレート部にいたる大きなルーフパネルが追加になる。リアテールゲートは横開きで、大きなリアウィンドーとアウターパネルから成り立つ。そのアウターパネルは成形インナーパネルにより強度を増し、アウターパネル端部はインナーパネルを包みこむように折り返してある。

ボンネット、サイドシル、トップリアバルクヘッドパネル、リアクォーターパネル、ドアヒンジはクーペとロードスターとの間で互換性がある。

レストアにあたり一つ頭に入れておいて頂きたい。XK120同様、ジャガーはEタイプを大量生産するつもりなど毛頭なかった。だから最初の頃、ボディパネルの多くはコストが安く済む製造機械を用いて造られ、しかも細かなセクションに分割して造られた。このやり方は次第に変わっていき、3.8の時代でも製造方法が変わったところがいくつかある。クーペのテールゲート形状が変更になったのもその一例だ。

ボンネットロックが外部式から内部式に変更になった点、フロアパンにフットウェルが追加になり、リアバルクヘッドに窪みが設けられた点については"生産上の変クーペはエステートワゴンの使い勝手を備えたスポーツカーというコンセプトを提示した。ところがジャーナリスト連中はそのジャガーの数年後に登場したリライアント・シミターGTEを全く新しいアイディアとして祭り上げた。

一体成形との印象を与えるボンネットだが、実際は多数のパネルから形作られている。インナーパネルの一部を外皮に接着するというのは革新的な手法だった。

下：空気力学者にして、Eタイプのデザイナーであるマルコム・セイヤーは、ボディ上を流れる空気の妨げになるものを最小限に抑えた。燃料注入口をヒンジつきリッドの下に納めるなど、その典型的な例だ。

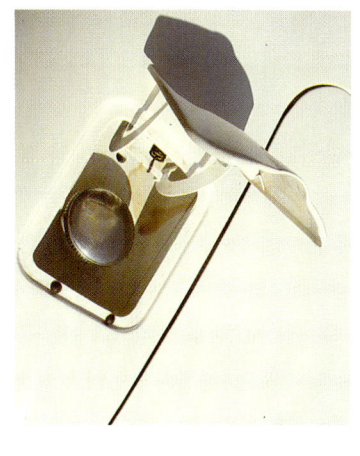

更"の項で詳しく説明する。ドライバー側リアバルクヘッドの窪みは、一時期ポップリベットあるいはセルフタップネジにて固定されていたとする説があるが、立証されてはいない。一方アメリカでは、ディーラーのサービス部においてメカニックがフットウェルを装着したのは間違いない。

ボディパネルはどんなものでも複数のサプライヤーから入手できる。ただし同じサプライヤーの製品であってすらその品質レベルはばらばらだ。フロア、インナーシルといった特定のセクションは組み上がった状態で購入できる。もっと言えばロードスターのボディ完成品を丸

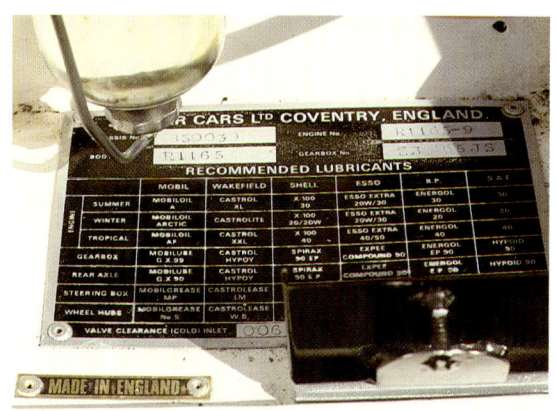

上右：シャシープレートはフロントバルクヘッド直前に位置する。初期型に用いられた外部式ボンネットロック機構の一部が写っている。

右：ごく初期の車ではルーバーパネルは別体のプレスパーツだった。その後メーカーのアビー・パネル社が、ルーバーをセンターセクションパネルにプレスで開ける工作機械を開発した。

右端：ボンネットセンターセクションとアウターフェンダーは裏側のフランジにてボルト留めされる。一方ヘッドライトはいくつかある隔壁の一つに取りつけられる。

ごと買うことだってできる。なおボディシェルは外側だけでなく内側もボディカラーにスプレー塗装される。

ボディトリム

XK120もそうだったが、Eタイプシリーズ1もボディの飾り物を最小限に抑えたおかげで、美しさが際立っている。

スリムな1枚ブレードのバンパーがボディ四隅にボルト留めされ、それぞれにオーバーライダーがつく。シリーズ1 3.8では、バンパーの裏側にネジ山の切られたプレートが溶接されており、ボディ内側からボルトが挿入される。

ノーズ開口部をクロームメッキが施された鋳鉄製バーが横切り、バーの中央にはエンブレムがつく。空気抵抗を減らすため、流線型のフェンダー奥深くに埋まったヘッドライトを、クローム仕上げの真鍮製トリムがほぼ楕円形に縁取る。このトリムはゴム製パッキンの上にマウントされる。またフロントフェンダーとボンネットのセンターセクションとの間には、クロームのストリップが走る。デザイン上、このストリップの延長線上に相当するヘッドライト下にも同じストリップがごく短く走る。ただし、この短いストリップは初期モデルではついていない場合もある。ボンネットバルジ後部の開口部はクロームの小さなグリルがふさぐ。

初期モデルでは側面にボンネットをロックするための穴が見て取れる。この鍵穴にはスプリングで元の位置に戻る、楯の形をした小さなリッドがつく。

ロードスター、クーペともにスクリーンピラーにはク

ローム・ガーニッシュがつくが、両者に互換性はない。また両モデルともクロームトリムがスクリーン基部を取り巻くように走る。さらにクーペでは同様なトリムがスクリーン上辺にも走る。ロードスターのスクリーン上辺はUの字を反転させたチャンネル断面のクロームトリムがつく。ロードスターではドア上辺にクローム・ガーニッシュがつくが、クーペではつかない。このガーニッシュはシャシーナンバー850506と877201以降でそれぞれ変更があった。

ワイパー3本、ウォッシャージェット2個はシリーズ1 3.8ではクローム仕上げだ。クローム仕上げのドアハンドルは空気とデザイン両方の流れをできるだけ乱さないよう、可能な限りボディと面一の形状をしている。ドアハンドルは両モデルで互換性がある。

クーペのサイドウィンドーにはクロームのフレームが

クローム仕上げのモチーフバー中央にはエンブレムが輝く。モチーフバーを含めて、クロームパーツの大半は今日再生産されている。

左端：セイヤーが基本形状を作り上げたあとは、スタイルの巨匠サー・ウィリアム・ライオンズが細部の仕上げを手掛けた。フロントバンパーのサイズを最小限に抑えたところなど、ライオンズの趣味のよさを端的に示している。そのバンパーは今日再生産されているが、サプライヤーによって、ボディにしっくりとフィットするかしないかの個体差が大きい。

左：信じてもらえないかも知れないが、ライオンズは当初、Eタイプの美しいノーズオープニングをワイアメッシュのグリルで蓋してしまうつもりだった。その後気が変わり、オープニング部にシンプルなモチーフバーを渡すことにした。

右上：ごく初期型のボンネットロック機構は野蛮だった。写真に見る"バッジロック"を外部から"T"ハンドルで動かすのだ。

右下：ボンネットロック用に開いた外側の穴は"涙滴形"の鍵穴蓋がカバーした。スプリングの力で自動的に元の位置に戻る。他の多数のパーツ同様、これも今日再生産されているが、品質は玉石混淆だ。

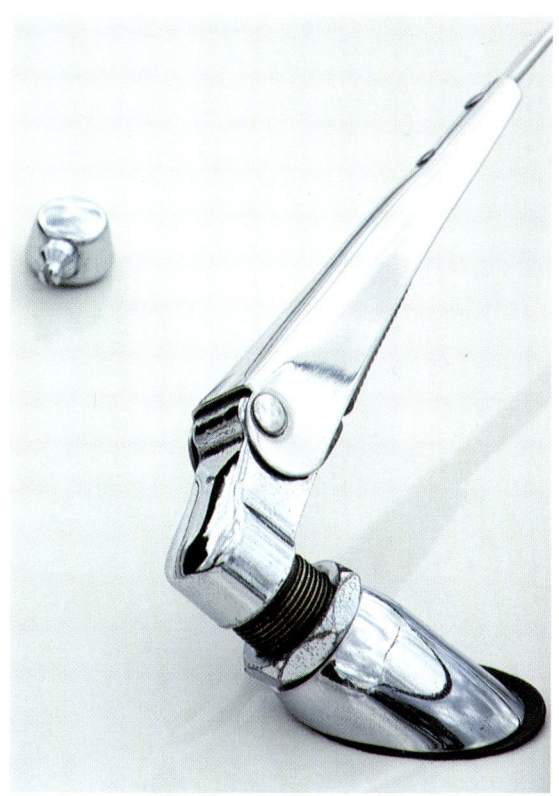

高速走行時、曲率の高いウィンドスクリーンにもかかわらず、充分な払拭面積を確保できるワイパーを造るというのは、開発期間中かなりの難題だった。結果、3本のワイパーが備わった。

つくのに対し、ロードスターではフレームレスだ。クーペにはクロームの雨樋がつき、リアサイドウィンドーは開閉可能だ。ロードスターではナンバープレートがつくトノーパネル端部の上辺と左右に、3本のクロームストリップが巡る。クローム仕上げされた"Jaguar"のエンブレムがロードスターではトランクリッドを、クーペではテールゲートを引き締める。

フロントナンバープレート用のブラケットもオプションで用意されたが、これを使わない場合、ボンネットフロントアンダーパネルに開いた穴にはゴム製シールプラグが挿入された。

ロードスターのオプションであるグラスファイバー製ハードトップにはクロームの雨樋がつき、リアウィンドー周辺をクロームトリムが囲んだ。リアウィンドーはパースペックス製だ。

クーペのリアサイドウィンドーはシリーズ1 3.8の時代に一度変更があり、そのキャッチは実に3度も変更になっている。

バンパー、オーバーライダー、ノーズ開口部のバーとエンブレム、ヘッドライトトリム（品質に怪しいものがある）、ボンネットストリップ、ボンネットバルジ開口部のグリル、ウォッシャージェット、ワイパー台座、ナットとガスケット、ウィンドスクリーン・クローム、クーペ用クローム雨樋、ロードスター用ドアトリム（オリジナルはクローム仕上げの真鍮製だが、現在の再生品は材質が異なる）、ロードスター用幌クロームトリム、クーペ用テールゲートトリム、ドアハンドル、ロードスター用ナンバープレート周囲のストリップは全て今日入手可能だ。一方ハードトップ用クロームは今のところ手に入らない。

灯火類

Eタイプのフロントにはクローム仕上げの鋳物ケーシングがつき、そのなかに車幅灯と方向指示器のコンビネーションライトが収まる。アメリカ以外の仕向け地では車幅灯のレンズは白、方向指示器のレンズは琥珀色だ。アメリカ向けは方向指示器のレンズも白になる。

ヘッドライトはルーカス製で詳細は以下の通り。
58662/B-PL.700　右ハンドルのみ
58663/B-PL.700　以下の仕様以外の左ハンドル
58664/B-F.700　以下の仕様以外のヨーロッパ仕様
58665/B-F.700　フランス仕様
58666/B-F.700　スウェーデン仕様
58667/B-F.700　オーストリア仕様
58439/D-F.700　アメリカ仕様

リアはテール／ブレーキライトと方向指示器のコンビネーションに、円形のリフレクターが細身のユニットに収まる。テール／ブレーキライトのレンズは仕向け地に関係なく全て赤色である。方向指示器はアメリカ向けが赤色、それ以外の仕向け地では琥珀色になる。リアライトはロードスターとクーペの間で互換性はない。なおク

ーペではシャシーナンバー860479以降と886014以降とでそれぞれリフレクターが異なる（574914に対して5457 3735）。

ナンバープレートの両側、ボディの垂直部分に小さなナンバープレート照明灯が備わり、同プレート下の中央には四角い後退灯が備わる。ただし初期型では後退灯のない車もある。フランス仕様には専用の後退灯が備わる（52567/A-L.549に対して52570/A-L.595）。

ある権威筋に言わせるとロードスターには3種の、クーペには2種のリアライトがあるらしい。だから塗装してしまう前に仮組みすることをお勧めする。ジャガーのパーツリストにクーペ用の台座が2種載っているのは事実だ。

フロント車幅灯は今でもルーカスが造っており、リアライトも再生品が手に入る（くれぐれも品質には目を光らせたい）。ナンバープレート照明灯、台座つきの後退灯も一時期品切れだったが、再び手に入るようになった。

シャシー

Eタイプには一般的な意味でのシャシーはなく、フロントバルクヘッドから前方はチューブラー・スペースフレーム構造になっている。このフレームは右と左のサイドアッセンブリーからなり、角断面と円断面のチューブで組み上がっている。左右アッセンブリーはバルクヘッドに3箇所の台座にて各々4本のボルトで固定する。さらにインナーロワーチューブはトランスミッショントンネル基部に沿って走るボディアンダーフレーム・チャンネルに結合される。

左右サイドアッセンブリーはエンジンの両側に沿って前方に向かって走り、左右各々2箇所の台座を介して"ピクチャーフレーム"クロスメンバーへと固定される。同クロスメンバーは様々な深さのチャンネルセクションから成り立っている。このクロスメンバー前部にフロント・チューブラーサブフレーム・アッセンブリーがつく。このサブフレームにラジエターとボンネットヒンジがつく。

ボディカラーに塗装されるこのサブフレームは、もともとはレノルズ製531高張力パイプから造られており、今でもマーティン・ロビー・エンジニアリング社が同じ素材を用いて製造している。ロビー氏はこう語る。「このフレームに使うブラケットもやはり高張力材じゃないとだめです。私たちのところでは現在手に入るなかで最もオリジナルの組成に近い、不純物混合率の低い合金で、金属の相互反応によりできあがる質量の比率が高い素材を使っています。軟鋼ではなくてね」

サブフレームは内部腐食がないかチェックすることが必要だ。ロウづけした接合部に振動によるひびが入りやすいのは良く知られているが、チューブ自体に入っている場合もある。フロントクロスメンバー頂部には損傷が

上左：リアのナンバープレートは小型のライト一対が照明する。プレートの両側に一つずつ備わる。

上：セイヤーが自動車のデザインを始めたのは50年代始め。ごく初期の作品から、空気抵抗を減らすためフェアリングの奥に引っこめたヘッドライトを好んでデザインした。Eタイプにもセイヤーの好みが取り入れられたのは幸いだった。ガラス製のフェアリングはクローム仕上げのベゼルが取り囲み、ベゼルはラバーシールの上に載る。雨水が浸入しないように、ガラス内部が曇らないようにとの意図だったが、この試みは成功しなかった。

上右：リアライトの処理にもシンプルでデリケートというテーマが見て取れる。テールライト、ブレーキライト、方向指示器、リフレクターを美しい（ただし品質は最悪な）鋳物パーツにパッケージングした。

右：フロントサスペンションは上下ウィッシュボーン、テレスコピックダンパー、トーションバーから成り立つ。

しばしば認められる。エンジン脱着の際、傷つけやすいのだ。ボルトは必ず高張力ボルトを用いる。現在ステンレススチールボルトを用いる傾向にあるようだが、ある専門家はこれは賢明ではないと忠告している。ステンレスでは炭素鋼ほどの高張力を得られないからだ。

フロントサスペンション

フロントサスペンションはダブルウィッシュボーン形式の独立で、スプリングは縦置きトーションバーによる。ウィッシュボーンはボールピンを介してスタブアクスルキャリアに取りつけられ、テレスコピックダンパーより減衰力を得る。シャシーナンバー850321、876394、860121、885334までの車両はダンパーのパーツナンバーがガーリング製640-541-73で、それ以降のダンパーはNFP.64054298が採用されている。スプラインおよびネジ山の切られたハブが、ブレーキディスクを挟んでスタブアクスルキャリアに取りつけられる。スタビライザーはロワーウィッシュボーンにつく。

ブッシュはどんなものでも今日入手できるし、ピンは現在再生産中だ。アッパーウィッシュボーンは手に入らないが、これは修復がきく。スプリング、ダンパー、トーションバー、スタビライザーリンクは新品が手に入る。

スタブアクスルキャリア、水平リンク、上下ウィッシュボーンとピボット、ダンパー用ボトムスリーブ、スタビライザーのラバーとバックプレート固定用ストラップブラケットは亜鉛メッキしたうえで、それ以上化学反応が進まないように中性化処理を施す。スタビライザー背後のスペースブロックは圧力鋳造のアルミ製だ。トーションバーは黒のエナメル塗装に仕上げる。オリジナルでは左右の識別のため別々の色が帯状に塗装されていた。端部にはパーツナンバーが打刻されているはずだ。ダンパーはガーリング・ブルーに仕上げる。

リアサスペンション

独立リアサスペンションの左右構成要素は次の通り。ロワートランスバース・チューブラーリンクはホイールキャリアと、デフケース隣のサブフレームをピボットとする。この上に両端にユニバーサルジョイントがついたハーフシャフトが通る。この2本がホイールを横方向に位置決めする。縦方向の位置決めはラバーマウントによる。これがロワーリンクとボディ上にあるマウントポイントの間を走るラジアスアームにより、ボディ構造内のサブアッセンブリーを位置決めする。サスペンションのショック吸収機能を果たす、2本のコイルスプリング内部には、テレスコピックダンパーが内蔵されている。スタビライザーはリアにも備わる。リアサスペンション・アッセンブリー全体とデフはサブフレームにより支持される。取り外し可能なこのサブフレームは1.3mm厚（16ゲージ）のシートメタルから造られた"ケージ（鳥籠）"構造で、ラバーマウントを介してボディに取りつけられる。

初期型にはハーフシャフトジャーナルにグリスニップルがなかった。シリーズ1 3.8生産中にウィッシュボーンに設計変更があり、スプリングが強化され、ダンパーも

変更になった。初期型ウィッシュボーンは一体鍛造だったが、後に組み立て式に変わったと思われる。同様、初期型ハーフシャフトは組み立て式で、中央部にてバランス取りがなされたと思われる。

消耗パーツは例外なく今でも生産されており、"ケージ"のような非消耗パーツのオリジナルをストックしている専門店もある。ウィッシュボーン、スプリング、"ケージ"は黒のエナメル塗装で仕上げ、ハブキャリアは鋳造アルミの地肌をそのまま活かす。ガーリング製ダンパーは青に仕上げる。

ファイナル・ドライブ

リミテッドスリップデフつきのソールズベリー製ハイポイド・ファイナル・ドライブユニットが装着された。レシオは2.93：1(43HU-001/14A)、3.07：1(4Hu-001/14D)、3.31：1(4HU/001/14)、3.54：1(43HU-001/14A)が選べた。

3.07レシオ用のクラウンホイールとピニオンの新品はないが、他のレシオなら若干のパーツがまだ手に入ると思われる。"コンディション3"のピニオンは"コンディション1および2"用のオリジナルサイズのベアリングを収容するために機械加工を要する。ベアリングとシールは全て入手可能だ。

ファイナル・ドライブユニットのケーシングは、黒のエナメル塗装に仕上げる。

ブレーキ

パッドの交換が簡単な、ダンロップ製ブリッジタイプのディスクブレーキが4輪全てに装着される。フロントディスクはスタブアクスルキャリアに取りつけられる一方、リアディスクはファイナル・ドライブユニットすぐ横にインボードマウントされる。ケルシー・ヘイズ製ベローズタイプのブレーキサーボが直接ブレーキペダルに作動する。ブレーキペダルは補正装置を介してツインマスターシリンダーを作動する。補正装置によりブレーキ系統は前後に独立した油圧回路に分割される。パーキングブレーキは後輪にのみ効き、ブレーキオイル残量警告灯が組みこまれている。

新品のマスターシリンダーは、注文したのを"忘れたころにふっと手に入る"というのが実情だ。サーボ用の新しいベローズは今のところ手に入るが、これ以外のサーボパーツは入手が困難だ。ただしサーボコンバージョンキットを売っている専門店がイギリスには少なくとも1軒はある。オリジナルの編み上げ式ホースは現在アメリカで製造しているし、バキュームタンクは生産が続いている。

ブレーキパイプのオリジナルは手に入らないが、銅を素材としたキットが造られている。両端は保護のためスチール製だ。パッド、ピストン、シリンダー・アッセンブリー、シールキット、ボルト、ディスク、パーキングブレーキ・ケーブル、警告灯スイッチはどれも専門店から手に入れることができる。

ピストン・シリンダー・アッセンブリーは中性化した亜鉛メッキを施されている場合もあるし、金色のカドミウム仕上げの場合もある。サーボ関係のスチール製パーツとバキュームタンクは黒塗装、マスターシリンダーを支持する大型ブラケットは亜鉛メッキ仕上げ。メインペダルボックスハウジングは鋳造アルミ製だ。

ステアリング

ステアリングはラック・ピニオン形式でロック・トゥ・ロックは2 3/4回転。ステアリングコラムの上下端にはユニバーサルジョイントがつく。16in(40.6cm)径のウッドリム・ステアリングホイールは、高さとリーチを調整できる。ドイツ仕様のシャシーナンバー876665から878036まで、および885567から886753に限って、アッパー・ステアリングコラムのアウターチューブ・アッセンブリーの型式が異なる。3.8の生産中にアッパー・コラムベア

前後独立した2系統油圧ブレーキ回路が備わる。クラッチリザーバー上のボディタグナンバーに注意。

72本の焼き付け塗装されたスポークが走る5インチ幅のワイアホイールが3.8の標準だった。一方クローム仕上げのスポークも注文できたし、レース用オプションとして5$\frac{1}{2}$インチ・ワイドホイールも用意された。

リングが、フェルト製からヴァルコーラン製に変更になった。ステアリングホイールも変わり、ダッシュコラムハウジング内のシーリングリングもPVC製から変更になった。

ホーンボタンつきのステアリングホイールが再生産されて入手可能だ。コラムのユニバーサルジョイント、ラバーベローズ、タイロッド、タイロッドエンド、マウント、ブッシュ、ベアリングは新品が買える。一方ラックハウジングとラックは手に入らない。

ホイール

焼き付け塗装のスポークを72本張った15インチ径、5インチ幅のワイアホイールが標準だ。クローム仕上げのワイアホイールも特別注文できた。さらにレース用として、72本スポークの5$\frac{1}{2}$インチ幅のアルミリムを持つホイールも、リアのみ特注することができた。

ホイールはクローム仕上げされ、左右でネジ山の切り方が逆になるスピナーで固定する。ドイツ仕様を除いてどの輸出仕様も同じパーツが用いられた。

3.8に装着されたホイールは、他の15インチ・ワイアホイール、例えばマークIIサルーン用と互換性がある。クローム仕上げのワイアホイールとスピナーは今日再生産されている。

タイア

ダンロップ製RS.5 6.40×15が標準タイアだ。レーシングタイアを特注した場合にはダンロップ製R.5がつき、サイズはフロントが6.00×15、リアが6.50×15となる。どのタイアもチューブを用いて装着する。

内装

シートは総革張りで座面は取り外しができる。シートフレームがシート両サイドと座面前側にて一部外に露出しているが、この部分はビニール（レキシン）でカバーされる。ロードスターとクーペのシートは同一ではなく、ロードスターの背もたれのほうが上端部が尖っている（幌との隙間をあけるため）。ただしクーペの中にはロードスターのシートをつけて出荷された車もある。

エンボス加工されたアルミ板を貼ったセンターコンソールがトンネル上面をカバーする。側面はビニールがカバーする。アルミ板はラジオコンソールとシフトレバー周囲にも貼られる。ラジオコンソールの周囲はビニールがトリムし、その中にクローム仕上げの灰皿が収まり、両側には円形のスピーカーグリルが位置する。

ドア内側は中央のトリムケーシングとその上のトリムパネルから成り立つ。トリムケーシングにはクローム仕上げのドアハンドルと、それと同じような形のウィンドーレギュレーターがつく。ドアハンドルの下にクロームのストリップが真っ直ぐ走り、トリムケーシングとトリムパネルとのつなぎ目にももう一本ストリップが走る。初期型ではドアケーシングにパイピングが1本施されていた。ドアケーシングそのものも初期型では前部の形が異なっていた。

クーペの天井はベージュかグレーのユニオンウール製布貼り。ただし室内色がグリーンの場合は天井もグリーンになる。サンバイザーは天井と同色になる。

上記以外の内装材は以下の通り。

●ロードスター

モケット：シート背面、バルクヘッド下部（フェルトの裏打ちはなく、防音材がしこまれているのみ）、リアホイールアーチ（フェルトの裏打ちあり）。

ヴィニード：フロアクロスメンバー側面、ドアシル（スポンジの裏打ちあり）、左右幌支持棒のマウント部、トノー仕舞いこみストリップの表面。

レキシン：スクリーンピラー、トランクリッド・ロックコントロール背後の表面

ハーデューラ：スカットル側面、トーボードおよびスカットル頂部（左右、中央）。スカットル裏面は丈夫な板紙でカバーされハーデューラが接着されている。

カーペット：フロントフロア、トーボードおよび前後トンネルの両側。後期型ではクロスメンバーにもカーペットが敷かれる。

対共振材（フリントコート）：ドアパネル、ドアボトムロール、スカットル両側面、フロントフロア、ギアボッ

スカバー頂部、トンネル、シート背後のフロアパネル、リアバルクヘッドパネル頂部、中央部、下部。
ゴム引きのフェルト：フロントフロア、トーボード、スカットルにいたるギアボックスカバー、ギアボックスカバー頂部（一部フェルトにてカバー）、トンネル前部両側、トンネル側面、燃料タンク下、リアバルクヘッドパネル中央。

●クーペ

モケット：シート背面、リアホイールアーチ（フェルトの裏打ちあり）。
ヴィニード：ドアシル（ポリウレタンの裏打ちあり）。
レキシン：スクリーンピラー、フロアクロスメンバーの側面。
ハーデューラ：左右スカットル側面下、トーボードスカットル中央部下、リアフロアパネル用マットアッセンブリー。
カーペット：ロードスターと同じ。
対共振材：ロードスターと同じ。加えてテールゲートパネルとメインフロア。
ゴム引きのフェルト：ロードスターと同じ。加えてスカットルにいたるギアボックスカバー。ただしリアバルクヘッドパネル中央部を除く。

通常のエンボス仕上げではなく細かな十字パターンの施されたアルミを貼った車も少数ある。短期間ながらエンボス仕上げの部品在庫が底を打ち、代替え品を用いたためだと思われる。聞いたところによれば、菱形のエンボス加工の車も少数あったらしい。メーカーでは1962年11月に変更があったと記録に記している（"生産上の変更"参照）。

フットウェルカーペットの踵が当たる部分にパッドがついた。材質はストーヴィック。

ロードスターのトランク内張りは例外なくビスケットと呼ばれる茶色だが、クーペのラゲッジスペースは室内色に準ずる。トランクフロアは3/8in（9.5mm）厚の合板でできており、黒く塗装される。トランクにはハーデューラが敷きつめられる。初期型ロードスターでは1枚物のハーデューラ製リアバルクヘッドマットが貼ってあり、これがリア室内灯、トランクプル周囲をカバーし、プロペラシャフトトンネルをクリアするための切り欠きを別

アクセルペダルはドライバーの意図に即答する頼りになる存在だったが、ブレーキペダルはその反対だった。

左端：3.8の室内で特徴的なのは2脚のバケットシートだが、座り心地はお世辞にも快適とは言えなかった。

左：クーペはイギリス車が伝統とするグランドツアラーをコンセプトとしていたが、シートがその特質を大いにスポイルした。背もたれに水平に走るパイピングは大半のドライバーにとって背中の痛みとなる悩みの種だった。

右：Eタイプの室内はXKロードスターの流儀に従っており、XK150に端を発する伝統的なウォールナットを用いた内装から決別している。

右：ロードスターにはウィンドスクリーンのトップレールを支えるクローム仕上げのテンションロッドが張ってある。このロッドに室内ミラーをつけるのはXK150と同じやり方だ。

右端：ロードスターには毛羽だった布で造られた幌が備わる。幌を下ろした際、これを納めるバッグを取りつける小さなクリップが、幌基部周囲を巡るクロームトリム上に見える。

右：ドアはロードスター、クーペともに大型のヒンジ一つで支えられる。2枚のドアトリムのつなぎ目は水平のクロームバーがカバーする。

右端：初期型のボンネットを開ける際必要だったハンドルはトランスミッショントンネル側面、シート背後に位置する小さなポケットに収まる。

23

左端：上げた幌をロックするにはトグルクランプ3個を用い、降ろした幌を仕舞うにはストラップ2本を用いた。

上：毛羽だった布の幌にはベージュの内張りが施される。初期型ではばたつきを抑えるため、鉛の小球が入った袋を幌の中央部に縫いこんだ車が少数ながらある。

左：初期型ではスペアホイール内部にツールキットがすっきりと収まる。スペアホイール自体はトランクの床下に位置する。

Eタイプのトランク形状に合わせたテーラーメイドのアタッシュケースが用意された。今では非常な希少品だ。

クーペのラゲッジスペースは、リアの仕切り板を下ろすとさらに広くなった。ヒンジつきの小さなアーム2本を起こせば、荷物が前方に滑り落ちるのを防げる。

仕切り板を通常の位置に立てた状態。スペアホイールの収納方法がわかる。その左に燃料タンクが位置する。

として、そのまま切れ目なしにフロアまで伸びていた。ごく初期型ではトランクの水抜きチャンネルも、それ以降の車とは配置が異なっていたようだ。初期型はトランクロック近くにチャンネルが1つあるだけなのに対し、それ以降の車では2箇所あり、従ってトランクマットの切り欠きも2箇所ある。

クーペのラゲッジフロアには当初1枚物のマットが敷いてあり、切り欠きはなかった。次に登場したマットには、その下のスペアホイールカバーに合わせて横方向に切りこみが入っており、カバーを右から左に丸めこんでスペアホイールを取り出した。3番目に登場の方式では、2枚の独立したマットを採用しており、2枚目のマットがスペアホイールカバーの形状に合わせてあった。どの場合でもこれらのマットには滑り止めの5本のラバーストリップが前から後ろに走っている。ラゲッジスペース前部のヒンジのついたリフトアップパネルにも同様なストリップが3本走っている。クローム仕上げの撥ね上げ式ストッパーを引き上げれば、荷物がキャビンに飛びこむのを防ぐことができた。このリフトアップパネル裏側にはハーデュラ製マットが貼ってある。

ロードスターの幌内張りはベージュの毛羽だった生地で、幌を下ろした際のカバーも同じ材質だ。幌は、ウィンドスクリーン上辺に3個のトグル式固定具で固定される。クローム仕上げのテンションロッドが、ダッシュ上辺とウィンドスクリーンのトップレールの間に張られ、ここにリアビューミラーがつく。クーペではミラーはルーフにつく。初期型クーペにはルーフ支持ピラーはつかない。

初期型では幌のばたつきを防ぐため、奇抜な対策が講じられた。鉛の小さな玉がきっちり詰まった袋の口を糸で塞ぎ、幌と同じ材質でできた別の袋へと縫いこんだ。これを幌中央部裏側の縫い目と縫い目の間に縫いこんだのだ。この方法は間もなく廃止になった。初期型では幌の形も僅かながら異なる。

ハードトップの内装は内張りがなく、ベージュ/白のビニールが張られ、ラテックスの裏打ちがつく。

1963年9月フロントパネルのエンボス加工されたアルミトリムが廃止になり、4.2で採用されることになるデザインと同じになった。これについては後で触れる。最後期型クーペのリアテールゲートヒンジにカバーがつき、モケットでトリムされた。また後期型3.8（1963年6月以降）ではXK150によく似た、頂部がトリムされクロームのストリップが走る、プラスチック製のアームレストがついた。トリム変更についての詳細は"生産上の変更"を参照されたい。

内装部品は事実上全て、シールについては全て今日手に入る（トランクリッドのシールだけは例外だが、後継モデル用も3.8に使用できる）。幌はオリジナルと同じ材質が手に入らないので、ドイツ製の似た素材を使う。

ダッシュボードと計器類

ダッシュボードはエンボス加工を施されたアルミ製の中央計器パネルから成り立っている。その中には水温計、燃料計、油圧計、電流計が収まり、さらにトグルスイッチ（パネル照明、ヒーターファン、ワイパー、ウォッシャー、マップライト、室内灯）、ヘッドライトスイッチ、シガーライター、スターターボタン、イグニッションが収まる。パネルの一番下には機能表示パネルが細長く走る。これも灯火時、照明される。

ドイツ仕様ではワゾー・ウェルケン製ロック/イグニッション兼用スイッチがステアリングコラムについたが、これは後期型全仕様にオプションで注文できた。

ドライバー前方のコンソールには、スピードメーター（mphかkm/h表示のどちらか）とタコメーターが据えられる。タコメーターの盤面下半分に小径の時計が収まる。このコンソールにはディップスイッチ、チョークレバーとその警告灯、パーキングブレーキ作動およびブレーキオイル残量の兼用警告灯、方向支持器灯が収まる。

助手席前方のコンソールにはグラブボックスが収まり、片側にヒーターレバーが位置する。初期型のグラブボックスはグラスファイバー製で、細かい模様の入った塗装が施された。後期型は丈夫な板紙製で、細かい模様の入った黒塗装仕上げだ。イタリア仕様は助手席側のコンソールアッセンブリーが他の仕様と異なる。

ダッシュボードの上はスチール、スポンジ、ビニール表皮からなる成形パネルがウィンドスクリーン基部まで

中央ダッシュパネルと中央コンソールはエンボス加工されたアルミ板がカバーする。ただし3.8でも最後期型はこの限りではない。

エンボス加工のアルミ板と、伝統的なウッドリム大径ステアリングホイール。145mphまでは間違いなく出せたから、160mph表示のスピードメーターはあながち楽観的ではなかった。

の部分を覆い、スクリーン基部には通風スロットが位置する。初期型ではこのダッシュ上部は平たく、丸みを帯びた端部は薄かった。グリップハンドルは1963年5月変更になり、灰皿も改まった。

計器は全てリビルドでき、スピードメーターの目盛りも必要に応じて変更がきく。

エンジン

Eタイプには見慣れたXKエンジンが搭載された。XK 150"S"で初お目見えした3.8リッターのトリプルキャブレター版だ。ボア／ストロークは87mm×106mm、排気量は3781ccである。

圧縮比は9：1が標準だが、8：1も注文できた。標準圧縮比での公表出力は265bhp／5500rpmだったが、実力はこれより相当下回る。

シリンダーヘッド・フロントカバーとブリーザーハウジングの配置は850092、875386、860005、885021以降でそれぞれ異なる。最初は27in（6858mm）長のフレキシブルなねじこみ式アルミ製ブリーザーパイプが、エンジン正面から見て左側に取り回されていたが、これとは異なるフロントカバー、目の細かいフィルター、L字管、エアボックスに繋がる別物のパイプが取って代わった。

カムカバーとフロントタイミングカバーの仕上げは磨き上げ、ヘッドのフロント回りの狭い部分も磨き上げの

車が大半だ。ヘッドは深みのある金色に塗装され、ブロックは黒く仕上げられる。他のメーカーならともかく、ジャガーは目立つ色で自社名のレタリングを浮き立たせるような真似はしなかった。鋳造ベルハウジングは自然なアルミ地肌のまま、アルミ製のトップがつくギアボックスは黒だ。エンジンをバルクヘッドに繋げるブッシュも黒である。

エンジンパーツはそのほとんどが入手可能なので、手に入らない主要パーツを以下に列挙する。ブロック、ヘッド、サンプ、クランクシャフトとダンパー、そしてフライホイールだ。消耗部品の類は全て手に入るが、右上部のチェーンガイドだけは例外だ。専門メーカーがウォータポンプを始めとするパーツのリビルドキットを提供している。全面的なリビルド作業を行っている工場は様々あるが、名の通ったところでも作業を依頼する際はくれぐれも慎重を期されたい。

キャブレター

マニュアルチョークつきSU製HD.8トリプルキャブレターが備わる。エアクリーナーは大型の"バケットタイプ"で、鋳造エアインテークボックスとの一体型だ。このエアインテーク・アッセンブリーはトランペットのついた基部アッセンブリーにつく。トランペットはキャブレターに繋がる。キャブレターはマークXサルーンに使

3.8リッターXK150"S"エンジンがEタイプに搭載された。車重が全体に軽くなり、空力特性に優れたボディ形状と相まってトップエンドの性能は大幅に向上した。

XK120に初めて搭載されて以来13年経っていたが、基本設計は依然として世界中のライバルを敵に回すに充分な性能を秘めていた。その後メーカーの生産規模一杯の数が25年連綿として造られた。

われたのと同じだが、マークXでは自動チョークだったのに対し、Eタイプはマニュアルチョークだった。ダッシュポットは磨き上げで、初期型では頂部が真鍮のダンパーがついたが、後期型では黒のプラスチックになった。

新品のキャブレターはもう入手できないが、リビルドキットなら手に入る。

冷却系統

ごく初期型のラジエターはDタイプと同じアルミ製だったが、実用性に欠けたため、生産が本格化してから真鍮製に変わった。アルミ製ラジエターは修理がきかないので、現在では真鍮製ラジエターを備える車が大半だ。

独立したヘッダータンクも3.8生産中に変更になり、キ

時代を感じさせるバッテリー。その上がヒーターボックス。その背後がウォッシャーを入れるガラス製ボトル。

HD.8 SU製トリプルキャブレターを装着したXKエンジンは、ジャガーに言わせると265bhpを発生したが、実際には210bhp近くというのが掛け値のない数字だろう。

ャップ部の圧は0.28kg/cm²から0.63kg/cm²に増えた。一つしかないファンは、サブフレームのフロントクロスメンバー頂部にマウントされた電気モーターが回す。ファンの周囲はグラスファイバー製のシュラウドが取り巻き、このシュラウドのフレーム役を果たすのが4個のポリウレタン製シールだ。ラジエター、ヘッダータンク、ホースは全て入手可能だ。

排気系統

ほうろう仕上げを施された3-1形式のマニフォールドがフレキシブルジョイントを介して2本のダウンパイプに繋がる。ダウンパイプは次に2個のサイレンサーに繋がる。ここから2本のテールパイプを介して、2個のクローム仕上げマフラーに繋がる。このマフラーは車後部から見える。シャシーナンバー850179、875608、860012、885059以降のマフラーにはそれぞれ変更がある。

新しい鋳造マニフォールドは今も生産されており、排気システムは言うまでもなく入手可能だ。今日ステンレス製のシステムを装着しているオーナーが大勢いる。これはオリジナルではないがとても理に適った方法だ。3.8用ロングタイプのマフラーは今では手に入らない。

電気系統

Eタイプはルーカスの12ボルト電気系統を採用している。当初ダイナモ(22531/A-C45.PVS/6)、燃料ポンプ(78388/A-2.FP)、コントロールボックス(37304A/B-RB.310)が装着された。シャシーナンバー850092、875386、860005、885021以降はダイナモ(22902/A-C42)、燃料ポンプ(78387/D-2.FP)、コントロールボックス(37331A/RB.340)に換装された。3.8 Eタイプの燃料ポンプは燃料タンク内に沈みこんでいる。

ディストリビューター(40617A/D-DMBZ.6A)はエンジンナンバーR.1001からR.9999まで、およびRA.1001からR.1381まで装着され、以降ディストリビューター(40887A/B-22.D.6)に換装になった。スターターモーター(26140/A-M.45G)、ソレノイド(76464/A.-2ST.)、イグニッションコイル(45067/D-HA.12)、フューズボックス(54038032-4.FJおよび54038010-4.FJ)は3.8の生産期間中、一貫して使われた。

高音と低音が使い分けられるホーンがシャシーナンバー850449、877154、860435、885970まで使われたが、以降取りやめになった。

主要な電装品は今日リビルドが可能だ。ワイアリングハーネスも手に入る。もともとコードは木綿糸で編み上げてあったが、同様なコードが再び造られている。タンク内に備わる燃料ポンプは今では手に入らない。

トランスミッション

マニュアル4速、シングルヘリカルギアボックスが装備される。シンクロは2、3、4速につき、アルミ合金製ベルハウジングを介してエンジンと一体化される。ベルハウジングはボーグ・アンド・ベック製乾燥単板10in(254mm)径の油圧作動クラッチを内蔵している。ギアボックスはニードルベアリングで支持されたハーディー・スパイサー製のプロペラシャフトへ繋がる。

EBの頭文字、JSの接尾語のついたギアボックスナンバーは、シェービングカッターで加工された精度の高いギアが組まれていることを意味しており、EBの頭文字、CRの接尾語は焼き入れされたギアを持つクロスレシオ・ギアが組まれていることを意味する。

最後期の3.8には、4.2用に開発されたオールシンクロのギアボックスを備えた車が少数ながらある。

主要なギアボックスパーツは次第に再生産されるようになっている。本稿執筆の時点でメインシャフトは手に入らないが、入力シャフト、レイシャフトは新品が入手可能だ。ベアリングは特定の専門店がストックしている。

生産上の変更点
シリーズ1 3.8ℓ

*OTS：ロードスター／FHC：クーペ

●1961年8月
エンジンナンバー R.1217以降
吸入側カムシャフト変更。基部にドリル穴なし。

OTS：850048以降875133まで
フロントハブベアリングとオイルシール保護のため、スタブアクスルキャリアに遮水板を装着。

●1961年10月
OTS：850079以降
プラスチック製の新型ナンバープレートホルダー（BD.21181）。

OTS：850008以降875300まで
ドア上辺のクロームフィニッシャー変更。従来パーツとの互換性なし。

OTS：850090以降875332まで
FHC：860004以降885015まで
駐車ブレーキパッド用自動調整がリアキャリパーに加わる。

OTS：850092以降875386まで
FHC：860005以降885021まで
高出力ダイナモ（C.18286がC.16054に取って代わる）と、コントロールボックス（C.18287がC.16051に取って代わる）装着。
外部ボンネットロックが廃止、これに伴いフロントフェンダー変更。
燃料タンク、フィルター、燃料ポンプ、タンク内のポンプ用マウント変更。フィルターは燃料タンク底にある一体型ドレーンプラグ／サンプチューブに内蔵される。
連結式エンジンブリーザー（従来型との互換性なし）。
大型アウターハブベアリング採用。

OTS：850104以降875496まで
FHC：860006以降885026まで
大型ジョイントつきプロペラシャフト。

OTS：850118以降875521まで
FHC：860007以降885033まで
トランクリッド開口部から浸入した水抜きを改善するためドレーンチューブ変更（トランク右はBD.659/8、15in（381mm）長。トランク左はBD.659/12、30½in（7747mm）長）。

OTS：850137以降875542まで
FHC：860008以降885039まで
サスペンションスプリング変更。0.4in（19.2mm）長くなり、スプリング頂部のアルミ製スペーサー廃止。センターコイル部の小さい赤色マークにより、従来品と識別可能。

OTS：850169以降875590まで
FHC：860010以降885051まで
新型シガーライター（C.18638。従来型との互換性なし）。

エンジンナンバー R.1076以降
分離型に代え一体型のタイミングスプロケット採用。

エンジンナンバー R.1459以降
鋳鉄製クランクシャフトプーリー。

エンジンナンバー R.1845以降
スプリング負荷のかかったジョッキープーリーによるファンベルト張力自動調整。

●1961年11月
ファイナル・ドライブユニット上のドライブシャフト・ベアリングハウジングにOリング（8950）採用。

OTS：850169以降875591まで
FHC：860010以降885051まで
新型リアエンジンサポートブラケット。

OTS：850179以降875608まで
FHC：860012以降885059まで
エグゾーストテールパイプの接合方法とマフラーのボディへのマウント方法を改良。

OTS：850210以降875761まで
FHC：860013以降885086まで
既存のコーナーパッドとの隙間を埋めるためバッテリークランプ端部にゴムパッド（C.19740）2個を追加。

●1961年12月
エンジンナンバー R.2600以降
オイルシール向上のため排気カムシャフト上に装着するカバー（C.19042）変更。新型シールプラグおよびOリング。

エンジンナンバー R.2564以降
アスベスト製オイルシールに対応してリアエンドカバー変更。併せてクランクシャフトも変更。

OTS：850233以降875859まで
FHC：860021以降885105まで
クラッチとブレーキペダルのブッシュ改良。

OTS：850249以降875911まで
FHC：860021以降885125まで
アクセルペダルハウジング変更。

OTS：850254以降875964まで
FHC：860023以降885143まで
可鍛鉄製に代え鋳鉄製ブレーキシリンダー採用。ピストンとバックプレートが一体構造に。

●1962年1月
OTS：850255以降876015まで
FHC：860027以降885156まで
ブレーキマスターシリンダー変更。ピストンに対するリアスプリングサポートの位置決めが確実に。

OTS：850255以降876031まで
FHC：860027以降885161まで
燃料ポンプとポンプマウントブラケット間の燃料パイプが短縮化。パイプはバンジョーとバンジョーボルトによりポンプに取りつけられる。

OTS：850289以降876117まで
FHC：860029以降885206まで
電気式タコメーター採用。針の動き方が変わる。

OTS：850291以降876130まで
FHC：860033以降885210まで
ブレーキパッドがミンテックス製M.40に代わりM.33に。

ギアボックスナンバー EB.1654以降
セレクターフィンガーをリモートコントロールシャフトに固定するダウエルスクリュー変更。同スクリューは変速フォーク、3速／トップセレクター、2速ストッパーをストライキングロッドに対して位置決めする。

エンジンナンバー R.2934以降
スロットルスレーブシャフト変更。

●1962年2月
OTS：850239以降876458まで
FHC：860139以降885385まで
ボンネットヒンジのフロントサブフレーム（C.19339）への取りつけ方法変更。1本のボルトがボンネットヒンジをフロントサブフレームのクロスチューブへと固定する。そのサブフレームも結果的に構造が変更。

OTS：850301以降876359まで
FHC：860113以降885318まで
シートベルトが装着できるように、ボディ構造に固定ポイントを設ける。

OTS：850322以降876395まで
FHC：860122以降885335まで
ダンパー変更。

エンジンナンバー R.3162以降
ビッグエンドベアリング（C.18712）のクリアランス変更。

●1962年3月
OTS：850377以降876639まで
FHC：860193以降885572まで
ブレーキマスターシリンダーのバランスリンク変更。

OTS：876665まで
FHC：885567まで
ドイツ仕様ではステアリングコラムロック一体型イグニッションスイッチ採用。

FHC：860195以降885585まで
リアサイドウィンドーキャッチのウィンドーフレームへの取りつけ方法改良。キャッチアーム用の固定ブロックは、従来ロウづけにて固定されていたが、リアサイドウィンドーフレームにねじ留めする方法に変更。

エンジンナンバー R.3855以降
ハイテンションコード長を延長。取り回しも改良。

● 1962年4月
エンジンナンバー R.3691以降
シリンダーヘッドガスケット（C.19113）変更。

OTS：850404以降876847まで
FHC：860232以降885736まで
ラックフリクションダンパーに変更。

● 1962年5月
FHC：オプションで熱線リアウィンドー装着可能に。
OTS：オプションでハードップ装着可能に。

OTS：850475以降
FHC：860375以降
アクセルペダルとストッププレート形状変更。

OTS：850475以降876999まで
FHC：860375以降885871まで
ブレーキペダルシャフトとブレーキサーボ間に変更済みのコネクトレバー採用。サーボ作動アーム調整用に新型エキセントリック・バレルナット採用。

エンジンナンバー R.5001以降
吸入カムシャフト（C.14985）変更。カム基部にオイル穴がドリルで開けられる。

● 1962年6月
OTS：850358以降876582まで
FHC：860176以降885504まで
平板だったフロアにフットウェル装着（サービス広報では1962年5月付けとなっており、ボディナンバーではOTSの場合2879以降2889まで、FHCの場合1635以降1647までと記されている）。

OTS：850500以降877155まで
FHC：860436以降885971まで
ホーン（C.19080およびC.19081）変更。

OTS：850500以降877276まで
FHC：860426以降886046まで
ピニオンスラストプレートの取りつけ方法改良。6角セットスクリュー2本の代わりにスタッドおよびセルフロックナット採用。

OTS：850504以降877183まで
FHC：860451以降885985まで
ウィッシュボーンをリアハブキャリアに固定する支持シャフトのシール方法改良。

FHC：860479以降886014まで
ブレーキ／テール／方向指示器（C.19854右、C.19855左、アメリカ仕様ではC.19856右、C.19857左）変更。新型ライトは修正されたボディパネルに合わせるため様々な変更パーツを採用。ボディパネルの変更は多岐。アンダーフレーム、ボンネットとフロントフェンダー・アッセンブリー、フロントサブフレーム、フロントクロスメンバー、左右サイドメンバー、ボンネットヒンジ、左右ドアシェル、左右ドアヒンジ、スカットルトップパネル、左右ウィンドスクリーンピラー、左右スクリーンピラーとスカットルトップパネル間の隙間を埋めるパネル、左右スクリーンピラー下の開口部を塞ぐパネル、左右ダッシュからスカットルトップにいたるコーナーパネル、左右アウターシル、ルーフパネルおよびリアフェンダー、トランクリッドシェルおよびガラスなど。新しいパネル採用に伴って様々なトリムパネルやケーシングも変更になった。詳しくは"E-Type Parts Book"を参照されたい。

OTS：850507以降877202まで
アウターパネルが変更になった新しいドア（BD.21317右、BD.21318左）採用。この変更によりドア上辺のクロームフィニッシャー（BD.21333右、BD.21334左）も変更になった。注：上記のナンバー以前でも、新しいパーツを装着した車両が一部存在する。

OTS：850527以降877356まで
FHC：860581以降886093まで
リアバルクヘッドに変更が加わり、シート位置の調整代が拡大した。シート位置の調整代が1½in（3.81cm）拡大したため、リアフロアパネルの垂直部分、シート背後に凹みがつく。

エンジンナンバー R.5250以降
デュプレックス製ファンベルト採用。ウォーターポンプのプーリーは従来のアルミ製に代わり、新しいベルトと同じ断面を持つ鋳鉄製に変更。ダイナモ、クランクシャフト、ジョッキープーリーも新型ベルトに合わせて変更。

エンジンナンバー R.5533以降
アッパータイミングチェーンの中間ダンパー変更。

● 1962年7月
OTS：850480以降877045まで
FHC：860387以降885888まで
ジャーナルベアリング部のシーリングが新しくなり、スライディングジョイント部に、潤滑油を保つためのラバーブーツを備えた新型プロペラシャフト（C.19875）。ジャーナルおよびスリーブヨークのグリースニップル廃止。

OTS：850548以降877488まで
FHC：860647以降886214まで
ロワーステアリングコラム変更（C.20487）。従来のチューブラーシャフトによるアッセンブリーから一体型鍛造品に。コラムがダッシュを貫通する部分のシール（C.20943）も改良。

OTS：850548以降877489まで
FHC：860647以降886219まで
クラッチマスターシリンダー変更。ピストンに対するメインスプリングサポートの位置決めが確実に。

OTS：850549以降877519まで（推定）
FHC：860661以降886247まで
カンチレバー式ジャッキ（C.20661）変更。ハンドルが一体式に。

OTS：850555以降877550まで
FHC：860658以降886247まで
ハーフシャフトは中空タイプを廃止し、鍛造スチールの塊から削り出した製品に変更。

OTS：850555以降877567まで
FHC：860664以降886263まで
パーキングブレーキ変更。

OTS：850556以降877557まで
FHC：860678以降886283まで
クラッチフルードリザーバー（C.19646）とマウントブラケット（C.20234）、ブレーキオイルリザーバー（C.19645）とブラケット（C.20232）変更。

FHC：860581以降886089まで
トランクフロアにあるヒンジつきのエクステンションについたスライディング式キャッチのストライカー（BD.23142）を変更。起こした際ヒンジつきのエクステンションを受け止めるためのゴム製緩衝材（BD.23144）変更。

OTS：850357以降877431まで
ハードトップ用マウントブラケット（BD.23760右、BD23761左）変更。

OTS：850527以降877355まで
FHC：860584以降886095まで
燃料ポンプとタンクの出口を繋ぐ燃料パイプがナイロン製に。従来のパイプは"ヴァルコーラン"製。

● 1962年9月
OTS：850573以降877661まで
FHC：860723以降886382まで
バッテリークランプ用ゴムパッド（C.19506）変更。

OTS：850578以降877736まで
FHC：860741以降886456まで
リアブレーキキャリパー固定具変更。

エンジンナンバー R.6418以降
スチール製オイルサンプドレーンプラグ採用。

エンジンナンバー R.6724以降
吸入バルブガイド変更。

● 1962年10月
以下の最終減速比が採用される。
標準 3.07：1（C.18984 4HU.001/14D）
アメリカおよびカナダ仕様 3.31：1（C.15222 4HU.

001/14)
オプション 3.54：1（C.16618 4HU.001/14A）

エンジンナンバー R.7104以降
ピストンリングとコンロッド変更。アッパープレッシャーリングのインナーエッジは面取りを施され、スクレーパーリングは2つの部品から構成されるようになった。変更後のコンロッドにはスモールエンド付近にオイル噴霧穴がドリルで穿たれている。リブ付近に一刷毛、黄色のペイントが塗られているので識別できる。

エンジンナンバー R.7195以降
エンジン左側のシリンダーブロックとメインベリングキャップの間に大型ダボを備える。このためブロックも併せて変更。

エンジンナンバー R.7308以降
クランクシャフト変更（C.18350/1）。

OTS：850588以降878037まで
FHC：860863以降886754まで
アッパーステアリングコラム（C.20557）変更。ブッシュに"ヴァルコーラン"素材を使用。オプションでワゾー製ステアリングコラムロック一体型イグニッションスイッチも装着可能。

●1962年11月
OTS：850584以降877964まで
FHC：860833以降886686まで
リアハブに遮水板装着。

OTS：878021まで
FHC：886749まで
ファンモーター作動用リレー廃止。ファンモーターへの作動電流を送るワイアハーネス変更（C.20649）。

OTS：850610以降878302まで
FHC：860913以降887132まで
計器パネルのエンボス加工されたアルミ製フィニッシャー、フロントフィニッシャーパネル、ギアボックスカバーフィニッシャー変更。「今回の変更で導入になったパーツは各々の従来品と互換性はない。新しいフィニッシャーのパターンは従来品のパターンとはマッチしないため」スペア・ディビジョンの広報より。

エンジンナンバー R.8139以降
ロワータイミングチェーンの対振動用ダンパー変更。

エンジンナンバー R.8300以降
サーモスタット（C.20766/2）変更。開弁温度が70.5℃から75.5℃へ。

●1962年12月
ハーフシャフトジャーナルのグリスニップル廃止。組み立ての際にユニバーサルジョイントへ潤滑油を充填。ニップルを埋めこむねじ山の切られた穴はプラグによってふさがれる。

FHC：861014以降887317まで
トランクリッドステー（BD.23752）とブラケット（BD.23712）変更。

エンジンナンバー R.9528以降
チャンピオン製スパークプラグの型式変更（UN.12Y）。

●1963年2月
FHC：861057以降888067まで
室内ミラー変更（C.20697）

OTS：850649以降878889まで
FHC：861062以降888082まで
フロント遮熱板変更。ただし上記ナンバー以降でも適用しない車両が一部ある。

ギアボックスナンバー EB.8859以降
リアエンジンマウントの改良に伴い、ギアボックスのリアエンドカバー変更。

エンジンナンバー R.9521以降
メインベアリングキャップボルト用ロックワッシャー改良。

OTS：850649以降878889まで
FHC：861062以降888082まで
リアエンジンマウント変更。従来のラバーマウントに代わりコイルスプリングが採用される。ただし下記の車両には新しいマウントはつかない。850653、850654、878986、879005、879024、879049、861087、888238。

エンジンナンバー R.9700以降
オイルサンプ・ディップスティック（C.21251）変更。

●1963年3月
OTS：850655以降878980まで
FHC：861086以降888185まで
ブレーキオイルリザーバーの注入口キャップ、水密構造に変更。併せてレベルインジケーター採用。

OTS：850656以降879024まで
リアホイールアーチのシールプレート改良。

OTS：850657以降879044まで
FHC：861091以降888241まで
フィラーキャップの開放圧が0.63kg/cm²に。併せてヘッダータンクも変更。ヘッダータンクとエンジン冷却水の出口につくL字管ウォーターホース変更。

エンジンナンバー RA.1100以降
ファンベルト張力自動調整装置の変更部品採用。

●1963年4月
エンジンナンバー RA.1382以降
点火ディストリビューターC.20679をはじめとする様々な部品を変更。

OTS：850679以降879132まで

FHC：861106以降888327まで
リアサスペンションに様々な変更部品採用。ウィッシュボーン・アッセンブリー、インナー支持シャフト用マウント、中央部にてクロスメンバーの下面を支えるプレートなど。

OTS：850681以降879160まで
FHC：861121以降888353まで
左フロントフレームアンダーシールドにシールを追加。「キャンバス／ゴム製のインナーシールが左アンダーシールドの内側最下端部と、左サイドメンバーのボトムチューブ上の座面につく」スペア・ディビジョンの広報より。

●1963年5月
OTS：850696以降879292まで
FHC：861150以降888513まで
灰皿変更（BD.24548）。

OTS：850708以降879332まで
FHC：861172以降888560まで
キーパープレートつきのスタビライザーブッシュ採用（C.21946）。

OTS：850709以降879343まで
FHC：861175以降888567まで
グリップハンドル変更。従来型とは固定具が異なり、固定位置もわずかに変更。従来型との互換性なし。

●1963年6月
FHC：860479以降886014まで
トランクリッドのゴムシールが1個から2個に変更。取りつけを容易にするため。

OTS：850713以降879373まで
FHC：861178以降888612まで
水の飛沫から保護するためフロントフレームのアンダーシールドを拡大。パーツナンバーは変わらず。右アンダーシールドの切り欠き（エンジンオイルフィルターの下）はカバープレートによりシールされる。

OTS：850714以降879423まで
FHC：861179以降888658まで
ドアトリムのパーツ追加。トリムパネルはドアケーシング上の、ヒンジ面に備わり、ドア照明スイッチストライカーにより固定される。

FHC：861179以降888659まで
トランクリッドトリムに各種新パーツ追加。

OTS：850722以降879494まで
FHC：861185以降888706まで
最終減速比3.07

OTS：879461まで
FHC：888695まで
最終減速比3.31

OTS：879441まで

FHC：888673まで
最終減速比3.54
ミンテックス製M.59ブレーキパッド採用。リアブレーキディスクの厚み増す。リアキャリパーのファイナル・ユニットへの取り付け方法は、従来がボルトによる直づけだったが、アダプタープレートを介するようになった。ファイナル・ドライブユニット変更。

OTS：850724以降879496まで
FHC：861189以降888698まで
ドアにアームレスト採用。

OTS：850724以降
FHC：861187以降
ファンモーター・リレー廃止。ファンモーターへの作動電流を送るワイアハーネス変更（C.20650）。

OTS：850730以降879577まで
FHC：861204以降888791まで
クラッチフルードリザーバーに高効率なフィルター採用。

●1963年8月
エンジンナンバー RA.2290以降
ディストリビューターキャップの水密性を高めるため、ゴムスリーブのついたハイテンションコードおよびコイルコード採用（C.2607）。

OTS：850723以降879551まで
FHC：861203以降888760まで
新しいパーキングブレーキ補正機構。リベットを打ったインナーレバーリンクに代わり、2本のフォークエンドを採用。

OTS：850735以降879681まで
FHC：861219以降888886まで
ウィンドーピラーの外部クロームトリムに新しい部品2点。

OTS：850737以降879761まで
FHC：861216以降888859まで
ギアボックスカバー／プロペラシャフト・トンネルフィニッシャー変更。装着方法の変更によりセンターアームレストが新設され、収納スペースが増えた。850725、850727、879531、879543、879545、879546、879553、879556、879562を除く。

FHC：861093以降888257まで
従来2枚物だったラゲッジフロアマットが1枚物に変更（BD.25664）。

FHC：861099以降888302まで
室内トリムに各種改良部品。リアサイドウィンドーを開閉するキャッチアッセンブリー、ピラートリムパネルなど。

OTS：850726以降879551まで
FHC：861198以降888767まで
方向指示器／ヘッドライトフラッシャー・スイッチ（C.21710）変更。ストライカープレート（C.22872）改良。

●1963年9月
OTS：850737以降879821まで
FHC：861226以降889003まで
全ての仕様に3.31：1最終減速比を採用。ただし以下の仕向け地を除く。イタリア、フランス、ドイツ、ベルギー、オランダ、アメリカ、カナダ、ニューファンドランド。

OTS：879759まで
FHC：888967まで
3.07：1最終減速比、イタリア、フランス、ドイツ、ベルギー、オランダ仕様に採用。

OTS：879751以降879080まで、および880026以降
FHC：888952以降888994まで、および889124以降
3.54：1最終減速比、アメリカ、カナダ、ニューファンドランド仕様に採用。

OTS：850752以降879893まで
FHC：861256以降889054まで
フロントフロアカーペット変更。ビニール製ヒールパッド採用。新しいカーペットは上記ナンバー以前の車にも一部見られる。

OTS：850752以降879803まで
FHC：861254以降889030まで
エンボス加工のアルミだったフロントフィニッシャーパネルを革のトリミングに変更。

エンジンナンバー RA.2972以降
排気バルブの材質変更（C.21942）。

●1963年10月
エンジンナンバー RA.3290以降
ウォーターポンプインペラー変更（C.22798）。

OTS：850755以降879990まで
FHC：861271以降889096まで
ツインパイプサイレンサー（C.21714）およびゴムマウント変更。

●1963年11月
OTS：850702以降879324まで
FHC：861169以降888543まで
時刻合わせノブつき電気式時計を内蔵した回転計を採用。メーカーのコードナンバーCE.1111/01が盤面に印刷されていれば時刻合わせ機能つき。だがこの変更部品が導入された際、間違ったコードナンバーC.1111/00を印刷された時計が多数出回った。黒いスリーブがあれば時刻合わせノブつきの時計（9988）が備わっていると判断できる。

OTS：880166まで
FHC：861275以降889135まで
ワイパーアーム変更（右ハンドル10079、左ハンドル10080）。ブレードを延長。

OTS：850767以降880213まで
FHC：861295以降889236まで
Aポストシールゴム変更。OTSでは従来の上下2分割式から一体式シールに変更。FHCでは従来Aポストとルーフ支持ピラーを別個にシールしていた部品が単体部品に変更。FHC用の新しいシールゴムによってルーフ支持ピラーのシールリテーナーは必要なくなった。

OTS：850768以降880291まで
作動ケーブルが壊れた際に、車外からトランクリッドロックを解除できるよう変更が施される。ナンバープレートパネルを貫通する穴に細いドライバーを挿入してロックを解除する。ナンバープレートパネルの穴はプラグ（BD.25192）を用いてシールする。この穴はナンバープレートを取り外すと目視できる。

OTS：850772以降880412まで
FHC：861325以降889347まで
新しいカーペット固定具。

OTS：850779以降880459まで
FHC：861342以降889375まで
ドアシャットピラーのシールゴム変更。

●1964年1月
OTS：850785以降880562まで
FHC：861364以降889452まで
ファイナル・ドライブユニットのブリーザー配置改良。新しいブリーザーはエクステンションチューブにねじこまれる。このチューブはギアキャリアカバー上のL字管に装着される。

OTS：850786以降880615まで
FHC：861384以降889504まで
新しい灰皿がフロントフィニッシャーパネルに備わる。従来型との互換性なし。

OTS：850786以降880619まで
FHC：861386以降889510まで
燃料ポンプ変更。吐出圧が大きくなる。

エンジンナンバー RA.4116以降
キャブレター・スロットルスプリングのベアリングをプラスチック製に変更。

●1964年3月
OTS：850787以降880631まで
FHC：861389以降889526まで
スピーカーが1個だけのラジオを採用。新型ラジオ（C.23194）の採用によりラジオパネルも変更になったため、従来型との互換性はない。

OTS：850807以降880760まで
FHC：861427以降889697まで
ブレーキオイルリザーバーの保護キャップに施された、オイルレベルの表示が見やすくなる。

OTS：850808以降880835まで
FHC：861446以降889780まで

ブレーキペダル（右ハンドルC.23091、左ハンドルC.23090）に設計変更。ペダルシャフトへの固定が以前より確実になる。ピンチボルトを固定するタブワッシャー（C.23180）も同時に採用。

OTS：850809以降880840まで
FHC：861446以降889787まで
室内ドアトリムが変更を受け、外観が向上し装着が容易になった。

OTS：850811以降880871まで
FHC：861461以降889820まで
従来、方向指示器／ヘッドライトフラッシャー・スイッチの一部だった固定ブラケットが、同スイッチから分離し、アッパーステアリングコラムに溶接される。

エンジンナンバー RA.4574以降
エンジンオイルサンプに改良型ドレーンプラグ（C.23435）採用。

エンジンナンバー RA.4975以降
フルフローオイルクリーナー採用。

●1964年4月
OTS：850806以降880755まで
FHC：861424以降889689まで
ハーフシャフトのニードルローラー用に改良型シール採用。ジャーナルアッセンブリーを従来以上によく保護するカバーも採用。

OTS：850819以降880983まで
FHC：861481以降889967まで
従来の"ヴァルコーラン"ベアリングに代わり、アッパーステアリングコラムに"エラストラン"素材のベアリング採用。

OTS：880632まで
FHC：889527まで
次の仕向け地仕様にシールドヘッドライト採用。ブラジル、カナダ、チリ、コロンビア、キューバ、ドミニカ共和国、エジプト、エルサルバドル、ギリシア、グアテマラ、ハイチ、ハワイ、ヨルダン、レバノン、マデイラ諸島、メキシコ、ニューファンドランド、ニカラグア、パナマ、ペルシャ湾沿岸、ペルー、フィリピン、プエルトリコ、サウジアラビア、シリア、ウルグアイ、アメリカ、ベネズエラ、南ベトナム。

OTS：850825以降881153まで
FHC：861521以降890171まで
リアサスペンション・ラジアスアームに改良型フロントブッシュ採用。

OTS：850840以降881203まで
FHC：861550以降890235まで
改良型スターターソレノイド（C.23612）。水が浸入しないよう改良が施される。

OTS：850843以降881261まで
FHC：861557以降890251まで
ラバーシールに改良を施される。従来左右共用だったが、新型は左右で互換性がない。このナンバー以前でも装着されている車両が一部ある。

OTS：850857以降881250まで
ドア上辺クロームフィニッシャー変更。

エンジンナンバー RA.2464以降
キャブレターにデルリン製ニードルとシート採用。フロートチャンバーへの燃料流入量を制御するため。新しいニードルはプラスチック製で縦溝が掘られる。アイドリング時のハンチングを軽減するためフロート圧に抗してスプリング負荷がかけられる。

エンジンナンバー RA.5634以降
新しいスパークプラグコード導管。

エンジンナンバー RA.5737以降
合理化のためEタイプとマークXのエンジンには共通のシリンダーヘッド（C.19916/1）が用いられる。

エンジンナンバー RA.5886以降
ジョッキープーリーのブラケット変更。ブッシュが真鍮からプラスチックに変わる。

エンジンナンバー RA.6025以降
ロワータイミングチェーン用中間ダンパー変更。新しいダンパーは取り付け位置も異なる。シリンダーブロックにはねじ山の切られた穴が2箇所開き、固定のねじが入る。

●1964年5月
OTS：850859以降881282まで
FHC：861605以降890318まで
方向指示器レバーのストライカー変更（C.22457）。

FHC：861616以降890340まで
ラゲッジスペースフロアのサイド部、リアケーシング変更。

OTS：850883以降881438まで
FHC：861662以降890488まで
フロント開口部のモチーフバー固定方法変更。モチーフバーの両端とフロントバンパーのエクステンションの間にゴムマウントを挟みこみ、バンパーとのアライメントが合っていなくてもモチーフバーに亀裂が入る恐れを軽減した。

エンジンナンバー RA.5801以降
ダイアフラム式クラッチ採用。ボーグ・アンド・ベックとダイアフラム式クラッチの両方に対応する改良型フライホイール。

エンジンナンバー RA.6454以降
クランクシャフトダンパー変更（C.8241）。

エンジンナンバー RA.6604以降
オイル供給パイプを支持するストラットとクリップ採用。ストラットは1次中間ベアリングキャップに装着される。これにより従来のロックワッシャーが廃止。

●1964年8月
OTS：850889以降881591まで
ウィンドスクリーン両端のクロームフィニッシャー変更。

エンジンナンバー RA.6420以降
フロントタイミングカバー変更。カバーをはずさなくてもフロントオイルシールが交換可能になる。

エンジンナンバー RA.6834以降
9.1圧縮比のエンジンには以降、ディストリビューターC.20680が装着される。

オイルフィルター内の総金属製マグネチックリングを廃止。代わって磁性を持つ金属粒子を含む柔軟素材でできたリングを採用。

エンジンナンバー RA.7324以降
エンジンを持ち上げるためのブラケットがシリンダーヘッドに備わる。このため足の長いシリンダーヘッド・スタッドボルトが必要になり、スパークプラグコード導管も変更。

エンジンナンバー RA.6746以降
マキシフレックス製"50"スクレーパーリングを備えたピストンを、8：1と9：1圧縮比のエンジンに採用。

●1964年10月
エンジンナンバー RA.7176以降
吸気マニフォールドのガスケットは従来の銅ニッケル合金から錫メッキ仕上げに変更。

エンジンナンバー RA.7202以降
8：1圧縮比のエンジンには以降ディストリビューターC.20680が装着される。

OTS：850908以降881697まで
FHC：861720以降890715まで
リアサスペンション・コイルスプリング頂部にパッキングリング（C.19027）採用。

OTS：850908以降881706まで
FHC：861723以降890722まで
燃料注入キャップの設計変更（C.23601/1）。

OTS：850935以降881864まで
FHC：861781以降890848まで
燃料ポンプフィードパイプフィルター変更。

OTS：850935以降881865まで
幌の収納カバー改良。

オプション

以下はジャガー社がパーツブックに掲げたオプション一覧である。

カーラジオ（MKJA.09-500.TB）長波、中波専用
カーラジオ（MKJA.92-505.TB）中波専用
カーラジオ（MKJA.09-230.RB）中波、短波専用
フェンダーミラー
フェンダーミラー（マグナテックス M2VC/6C）
燃料注入キャップ（施錠式）
前席シートベルト（3点式）固定ボルト、アイボルトつき
後席シートベルト（2点式）固定ボルト、アイボルトつき
注：上記のシートベルトは以下のシャシーナンバー以降につく。850301、876359、860113、885318
テールゲートのガラス（透明ガラス）
テールゲートのガラス（"サンダイム"ガラス、クーペ用の熱線リアウィンドーに用いる）
注：上記のガラスは以下のシャシーナンバー以降変更になる。860479、886014
ジャガーのウィングつきキーホルダー（革製）
エナメル製ジャガーエンブレムつきキーホルダー（革製）
ディタッチャブル・ハードトップ（シャシーナンバー850024、875027およびそれ以降の車両につく）
ハードトップ装着キット（キットはシャシーナンバー850092、875386以降変更になる）

シャシーナンバー／日付

モデル	製造年	シャシーナンバー RHD	LHD
ロードスター（OTS）	1961-1964	850001	875001
クーペ（FHC）	1961-1964	860001	885001

エンジンナンバーには"R"ないし"RA"の頭文字がつく。

カラースキーム

1961年および1962年		1963年および1964年	
ボディ	室内	ボディ	室内
Indigo	Red, Light Blue	Sand	Black, Beige
Carmen Red	Biscuit, Red	Carmen Red	Black
British Racing Green	Suede Green, Beige, Tan, Light Tan	Opalescent Dark Blue	Dark Blue, Red
Pearl	Dark Blue, Red	Opalescent Silver Blue	Grey, Dark Blue
Opalescent Dark Blue	Dark Blue, Red	Opalescent Dark Green	Suede Green, Beige, Tan, Light Tan
Opalescent Gunmetal	Dark Blue, Light Blue, Red, Beige	Cream	Black
Opalescent Dark Green	Suede Green, Beige, Tan, Light Tan	Opalescent Silver Grey	Red, Light Blue, Dark Blue, Grey
Opalescent Silver Grey	Red, Light Blue, Dark Blue, Grey	Bronze	Beige, Red, Tan
Imperial Maroon	Tan	Opalescent Gunmetal	Dark Blue, Light Blue, Red, Beige
Cream	Cream, Red	Opalescent Maroon	Maroon, Beige
Opalescent Silver Blue	Grey, Dark Blue	Mist Grey	Red
Sherwood Green	Suede Green, Light Tan, Tan	Pale Primrose	Black, Beige
Black	Red, Grey, Tan, Light Tan	Pearl	Dark Blue, Red
Cotswold Blue	Dark Blue	Cotswold Blue	Dark Blue
Mist Grey	Red	Black	Red, Grey, Tan, Light Tan
Bronze	Beige, Red, Tan	British Racing Green	Suede Green, Beige, Tan, Light Tan
Claret	Beige	Sherwood Green	Suede Green, Light Tan, Tan

3.8およびそれ以降のモデルには上記のボディカラーとトリム以外の組み合わせも特注できた。

シリーズ1 4.2ℓ

ボディ

4.2 Eタイプに用いられるボディパネルは、3.8モデル後期型と事実上同一であり、従って互換性がある。言い換えれば4.2用ボディパネルは今日全て手に入る。ただしドアとメインモノコック部にはごく細かな変更点がある。さらにシャシーナンバー1E.1070、1E.10426、1E.20117、1E.30402以降では、後端部のアッセンブリーに細かな変更点がある。1E.1412、1E.11728、1E.20996、1E.32009以降のシャシーナンバーではリアバンパー用固定ブラケットが採用になった。

1966年カタログに加わった2+2モデルには、クーペとは別物のパネルが多数使われている。サイドシル、フロア、ドア、ウィンドシールド、ルーフパネル、リアフェンダーなどだ。ボンネット、トランクフロア、リアクォーターボトム部、リアナンバープレートパネルは他のモデルと互換性があり、クーペと2+2は同じリアテールゲートを使っている。一方、後席を設けるため、リアバルクヘッド部には大幅な修正が加えられた。パネルは今日例外なく入手できる。

ボディトリム

新しい4.2モデルにはトランクリッドに"4.2"および"E-

4.2リッターEタイプ。1964年発表当時の外観は3.8と全く変わらない。従来よりトルクの太い4.2エンジンは、これまた従来型より改良著しい新型オールシンクロ・ギアボックスと組み合わされた。ブレーキ性能も向上し、Eタイプは一層魅力的な車になった。しかし4.2は高回転まで回りたがらず、スポーツカーとしての面白みは薄れたと見る愛好家も一部あった。

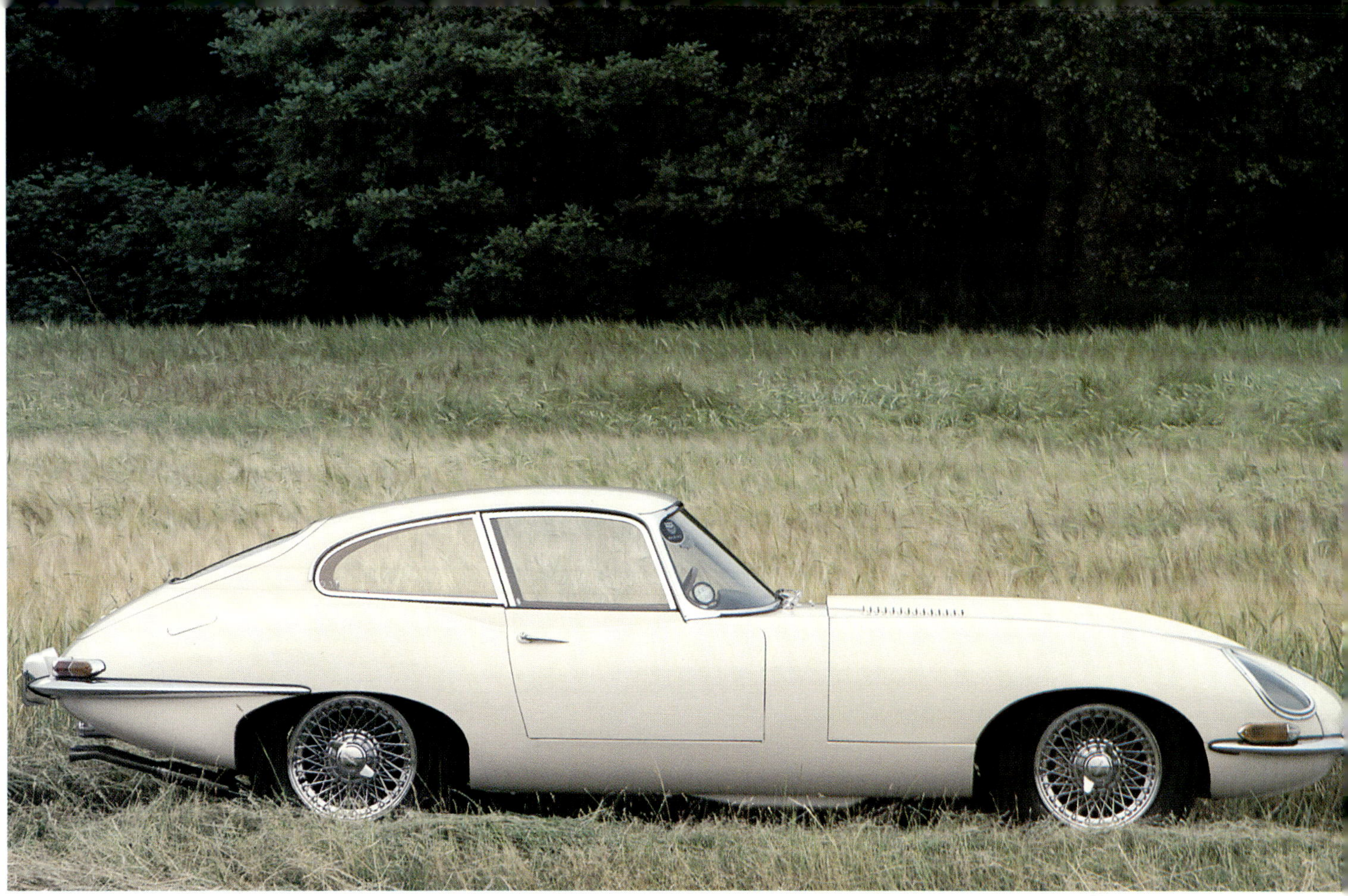

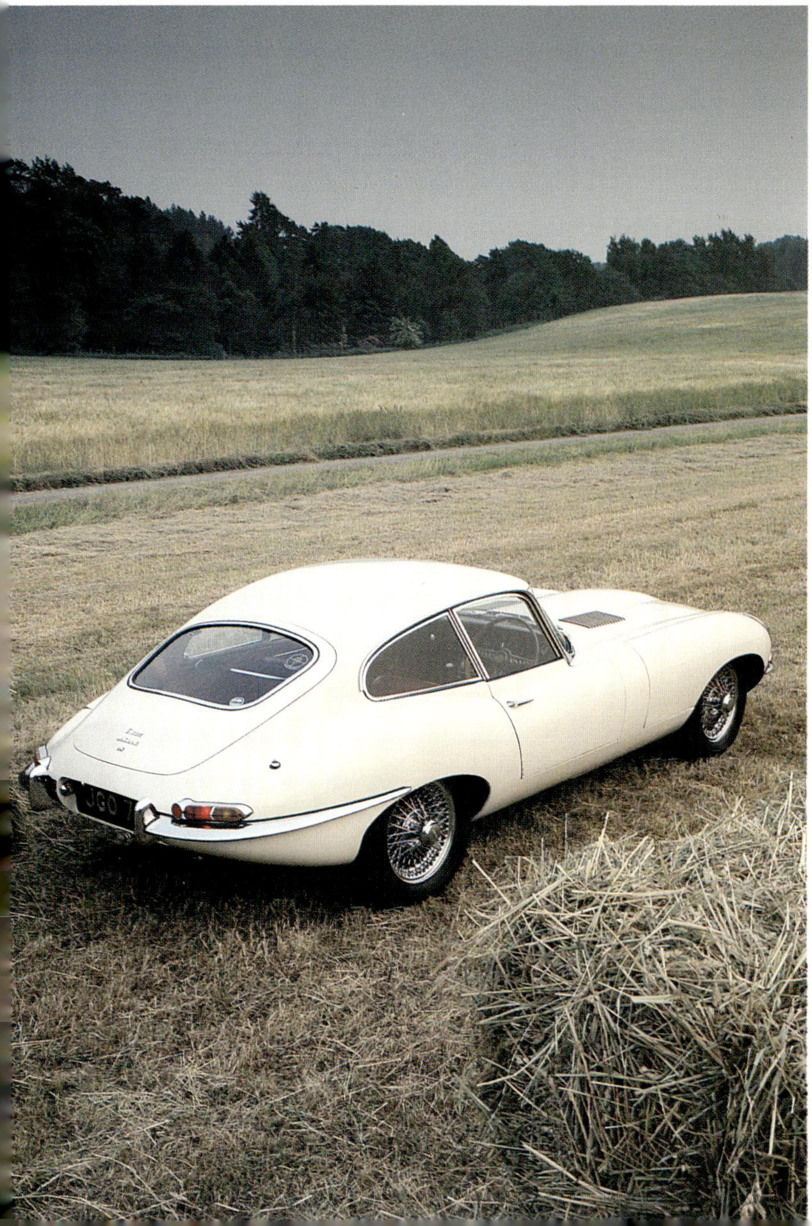

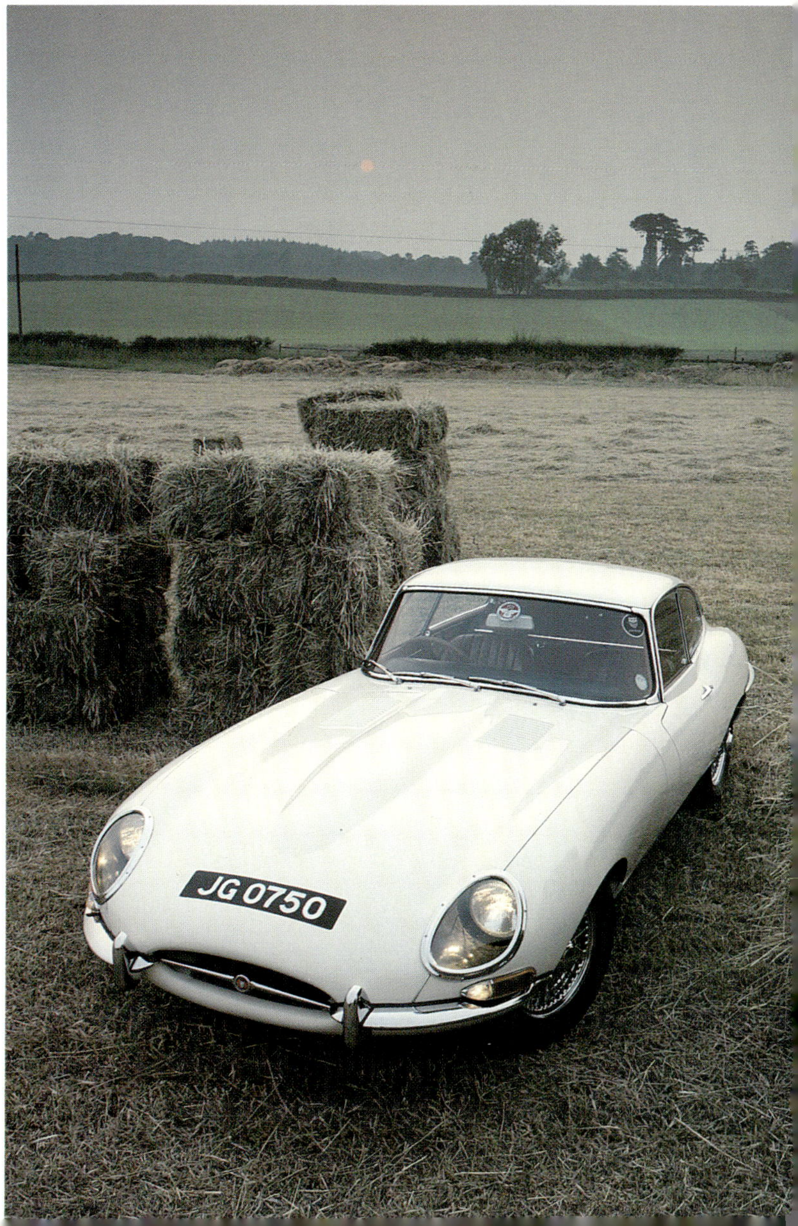
JG 0750

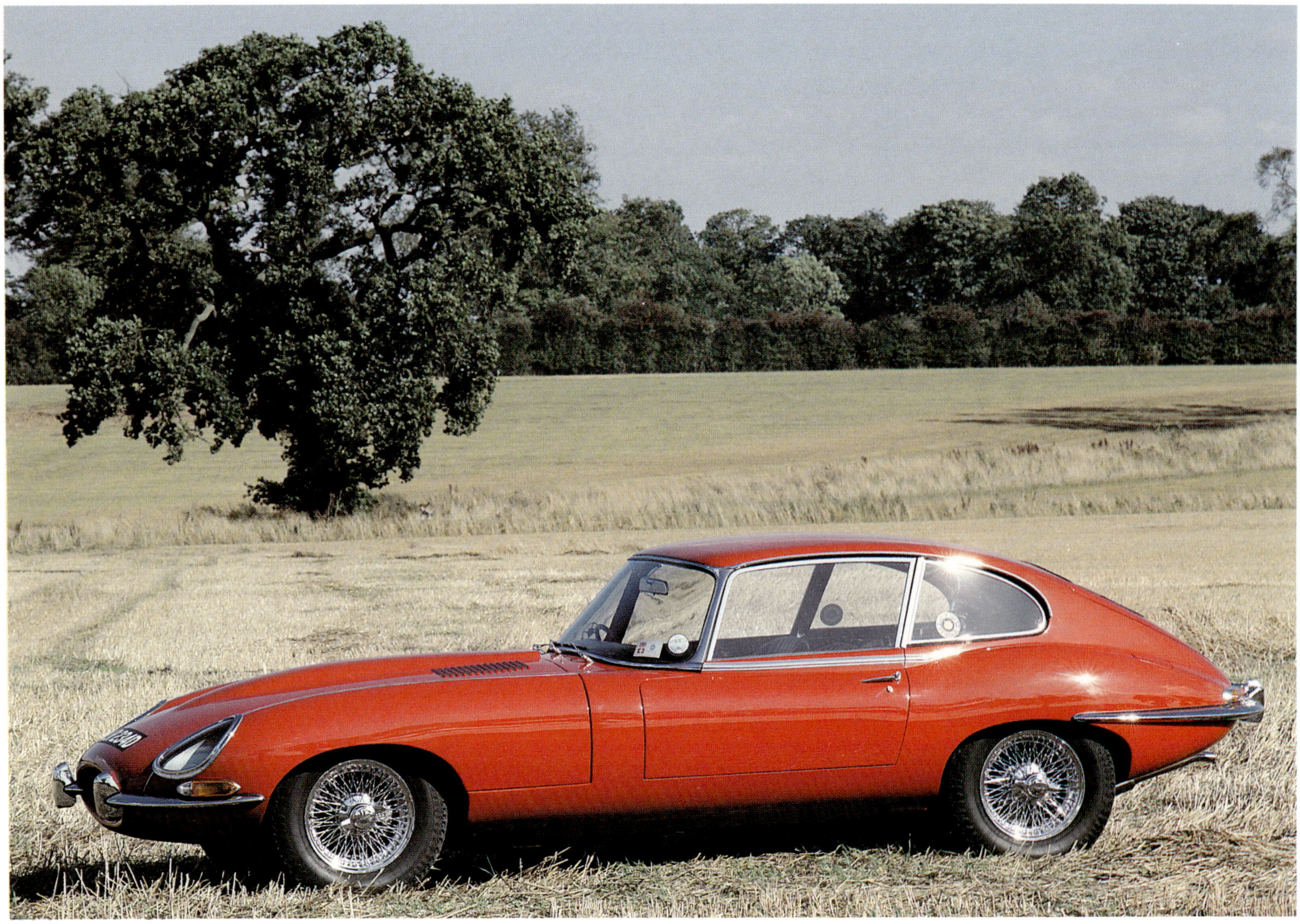

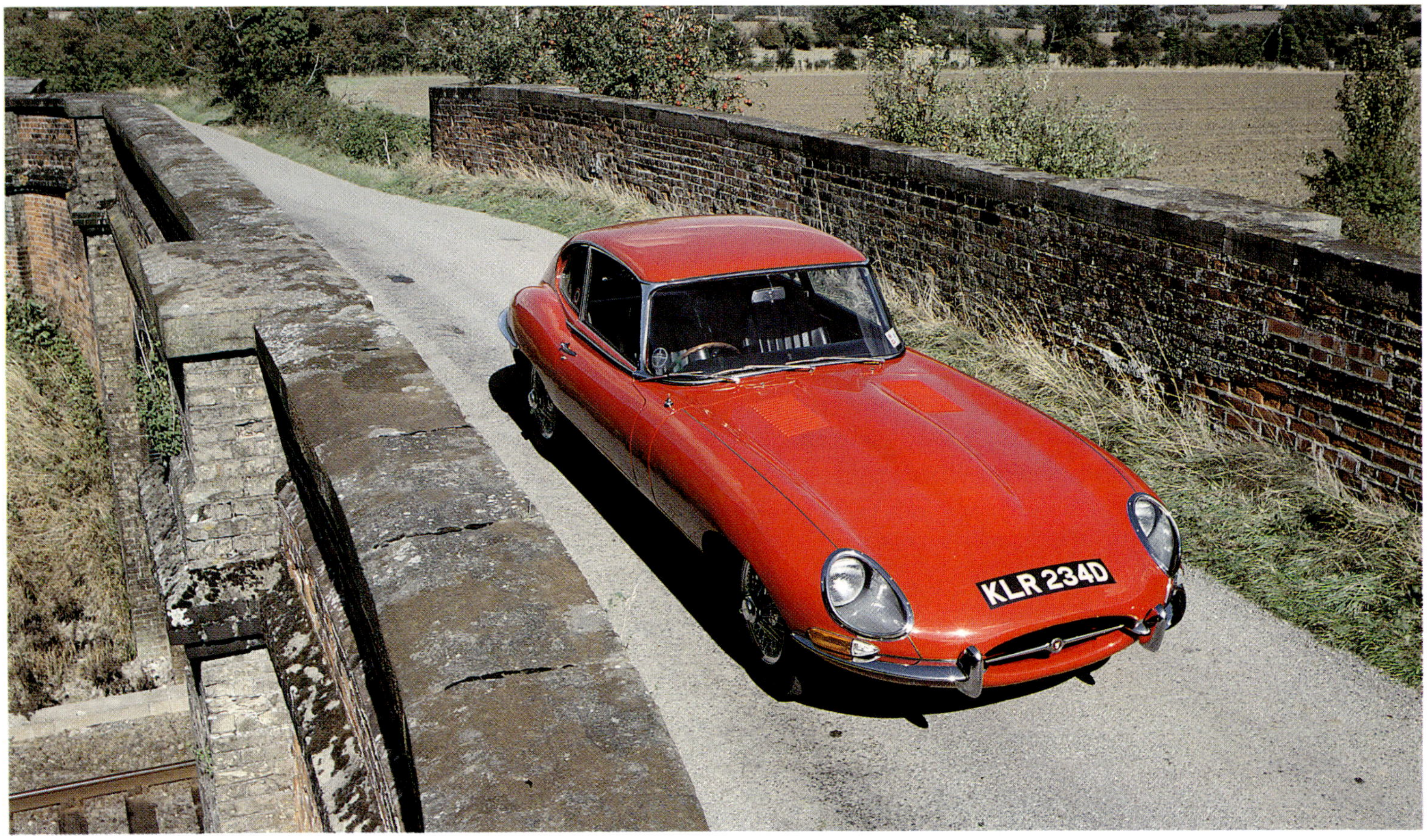
KLR 234D

前ページ：1966年、2+2モデルが導入になりラインナップが拡大した。オリジナルの純粋なスタイルがスポイルされたと考える愛好家は当時も今も大勢いるが、2+2には二つの美点があった。一つには従来以上に広い顧客層にEタイプを所有する喜びをもたらしたこと、もう一つはツーリングカーとしての実用性が高まったことだ。

右：テールゲートそのものはクーペも2+2も共通。4.2になって外観上唯一変わったのは"E-Type"と"4.2"のエンブレムがついた点。

2+2化するためにルーフラインを高くする必要があった。

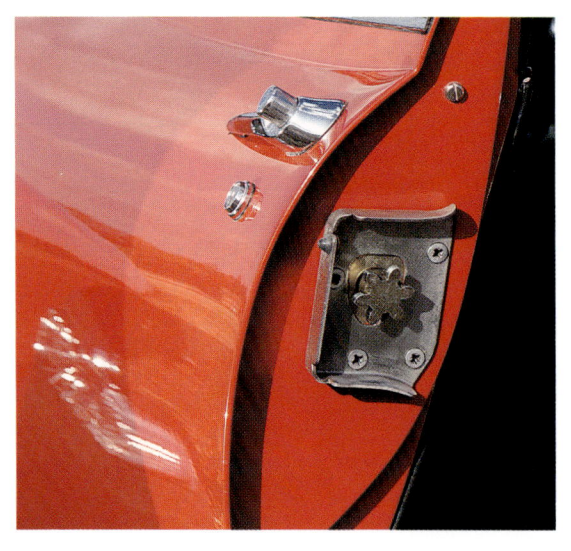

左：他のモデルのドアロックはドアハンドルボタンと一体式なのに対し、どういう訳かシリーズ1の2+2は独立式になる。

左端：2+2はルーフラインが高く、ホイールベースも9in（229mm）伸びたので、否応なしにドアも合わせて長くなり、サイドウィンドーとリアサイドウィンドーも変更を要した。新しいドアに入ったクロームのモールは、そのまま短い距離を走ってリアフェンダーにいたる。

後退灯を始めとする後部灯火類は基本的に変更はない。

TYPE"というクロームメッキのエンブレムが追加されているので、外から見て識別できる。トランクリッド上に"JAGUAR"のエンブレムがつくのは従来通りだが、このパーツは3.8と4.2との間で互換性はない。

ヘッドライトガラスのシールはネオプレン製で、左右専用となった。パーツブックを見ると、ゴムシールがヘッドライト用窪みの後端を取り囲んで走っているように描かれているが、これは誤りだ。3.8のパーツブックにあるように、シールは窪みの前端部を取り囲んでいる。

"ボディ"の項で述べたように、1966年3月以降、バンパーを固定するため、ネジ山の切られたブラケットがボディワークに備わった。バンパーの下側には切り欠きがついており、これでボルトを外から挿入できるようになった。

フェンダーミラーがベルギー、デンマーク、フランス、ドイツ、オランダ、ルクセンブルク、スイス仕様に備わり、これ以外の国でもオプション装着ができた。

2+2ではドアの大きな曲面部の上辺にある平らな縁に、細いクロームのモールが走る。このモールはそのまま伸びてリアフェンダーにいたる。ウィンドシールドトリム、サイドウィンドーフレーム、リアサイドウィンドーはクーペとは別部品だが、バンパーは互換性がある。

灯火類

ルーカス製非対称シールドビームヘッドライトが備わる。詳細は以下の通り。

59309/A-F.700：ジブラルタル、香港、モザンビーク、スウェーデン仕様を除く右ハンドル車。

58666/B-F.700：上記仕様の右ハンドル車。

58665/B-F.700：アルジェリア、フランス、モロッコ、チュニジア仕様左ハンドル車。

58667/B-F.700：オーストリア仕様左ハンドル車。

58664/B-F.700：ベルギー、ザイール、カナリー諸島、キュラソー、デンマーク、フィンランド、西ドイツ、オランダ、アイスランド、イタリア、リビア、ルクセンブルク、ノルウェー、ポルトガル、スペイン、スイス仕様左ハンドル車。

59231/A-F.700：ブラジル、カナダ、チリ、コロンビア、キューバ、ドミニカ共和国、エジプト、エルサルバドル、ギリシア、グアテマラ、ハイチ、ハワイ、ヨルダン、レバノン、マデイラ諸島、メキシコ、ニューファンドランド、ニカラグア、パナマ、ペルシャ湾沿岸、ペルー、フィリピン、プエルトリコ、サウジアラビア、シリア、ウルグアイ、アメリカ、ベネズエラ、南ベトナム仕様左ハンドル車。

フロント車幅灯は以下の例を除いて従来通り。イギリス仕様のレンズが変更（54572374に対して54577274）。白の方向指示器がアメリカ仕様に加え、フランス、オランダ、イタリア仕様にも採用。

テールライトは3.8ロードスターと3.8クーペ後期型と共通。ナンバープレート照明灯に変更はないが、フランス、アルジェリア、モロッコ、チュニジア仕様には別種の後退灯が備わった。

2+2には専用のテールライトが備わった。

シャシー

フロントサブフレーム・アッセンブリーは2+2用を含めて変更はない。

フロントサスペンション

パーツナンバーこそ異なるものの、フロントサスペンションは3.8と事実上同一で、4.2生産期間中にアッパーウィッシュボーンと、ロワーボールピン・アッセンブリーにわずかな変更があったに留まる。ポリウレタン製シールを採用したおかげで、点検整備の間隔は大幅に広がった。ダンパーは3.8後期型と同一、トーションバーとス

タビライザーに変更はない。

リアサスペンション

リアサスペンションは以下の二点を除いて3.8後期型ユニットと同一だ。ヨークとハーフシャフトを結ぶジャーナルアッセンブリーが手直しを受けたことに加え、アウタージャーナルアッセンブリーを保護するため、ジョイントカバーが追加になったことの2点だ。ラジアスアームは変更になり、従来と異なるゴムブッシュを採用。スタビライザーとラジアスアームとの間のリンクも変更になった。リアのスプリングレートが硬くなった。

4.2生産期間中リアサスペンションに施された変更はハブキャリアと、ハブ用のアウターオイルシールを手直しして採用した点だけだ。

シリーズ1では改良されたシールドビーム・ヘッドライトが、ガラスカバーの中に収まる。恰好はよいのだが、あまり実用的ではなかったこのガラスカバーは、ネオプレン製シールを挟んで装着する。イギリス仕様では車幅灯レンズが変更になった。

ファイナル・ドライブ

4.2のデフ・ユニットは従来とは別物だ。アメリカ、カナダ、ニューファンドランド仕様を除く車両には、レシオが3.07：1（アッセンブリー4HU-001/27D）が標準装備だった。またレシオが3.31：1のオプションもあった（4HU-001/27）。アメリカ、カナダ、ニューファンドランドの三仕様には、レシオが3.54：1の4HU-001/27Aが装備された。シャシーナンバー1E.1178、1E.10784、1E.20397、1E.30862以降のアメリカ、カナダ、ニューファンドランド仕様以外の車両には4HU-001/35Dが装備された。一方シャシーナンバー1E.10740、1E.30807以降のアメリカ、カナダ、ニューファンドランド仕様の車両には4HU-001/35Aが装備された。オプションは4HU-001/35になったが、レシオに変更はなかった。

またプロペラシャフトのユニバーサルジョイントが大型化された。

ブレーキ

4.2 Eタイプは、モデルを問わず共通のキャリパーとディスクを使用した。一方サーボが完全に変わったのを始めとして、ブレーキ系統全体にかなり大規模な変更があった。泥除けがフロントブレーキディスクにつくようになった。

ダンロップ製タンデム直列型サスペンデッド・バキューム式サーボが、取りつけやすいとの理由から遠く離れた所に位置する。一般的なタイプのマスターシリンダーにはバキュームバルブが一つ追加になる。このマスターシリンダーには、独立したリザーバーが備わり、ブレーキオイルはサーボシリンダーのリアチャンバーに送られ、そこからリアブレーキに送られる。フロントブレーキもやはり専用となる。ブレーキオイルはサーボシリンダーのフロントチャンバーを経由してリザーバーから送られる。

パーキングブレーキとパーキングブレーキ作動警告灯作動スイッチに変更はないが、ケーブルと補正アッセンブリーは変更になった。

従来丸形だったブレーキオイルリザーバーは角形になった。

ステアリング

ラックピニオン・ステアリングはごく細部が変更になったに留まる。トラックロッドエンドが変更になり、後期型3.8用ゴム製ラックマウントがそのまま採用された。

ホイール

ホイール自体に変更はない。レース用ワイドリアホイールはファクトリーオプションのリストから落ちた。

タイア

当初4.2も3.8と同じダンロップを履いたが、ホワイトウォールのRS.5 6.40×15がオプションで選べるようになった。またR.5レーシングタイアはカタログから落ちた。1965年10月以降のイギリス国内仕様にはダンロップSP

41ラジアルがついた。

室内トリム

室内トリムはかなり大幅な手直しを受けた。掛け心地が最悪だった3.8用バケットシートに代わって、快適なシートがついた。3.8用の背もたれは"U"の字を逆さまにした形だったのに対し、新型は平らになった。背もたれは前方に倒れる。その背もたれの基部についた回転する小さなスペーサーにより、2つの傾斜角を選べた。シートスライド機構もわずかに変更になった。なおシートは4.2ではボディスタイルを問わず共通だ。

4.2になって、センターコンソールとトランスミッショントンネルも豪華な仕上げを施された。アルミ板はもはや姿を消し、フルトリムされた。パーキングブレーキレバー後方、トランスミッショントンネル上にはセンターアームレスト兼用のグラブボックスが備わり、小物を収納できた。トンネルコンソールとグラブボックスの蓋は革張りだ。グラブボックス周囲とトンネル両脇はレキシン(模造皮革)がカバーする。

後部に目を転じよう。クーペのリアホイールアーチ直前にあった狭い荷物置場は、4.2のごく初期型を除いて廃止になった。テールゲートヒンジにはカバーがかかった。ルーフ支持ピラーが変更になり、リアサイドウィンドー下には、衝突時にそなえ、チューブラーバーが追加になった。このバーにはシートベルト装着用のクローム仕上げ金具が備わる。ロードスターのトランクリッド・レリーズキャッチには鍵がつくようになり、安全性が高まった。ドアトリムケーシングにはアームレストが備わり、このケーシングとドア上部のケーシングとの間のクロームストリップは手直しを受けた。さらにドア前端部上方にはクロームプレートが張られた。なおドアケーシングの後部はクーペの方が丈が高い。

テールゲートロック周囲のトリムパネルとテールゲートヒンジカバーは当初モケット張りだったが、生産開始間もなくポリ塩化ビニール(PVC)に変わった。同時にクーペのラゲッジスペーストリムも変更になった。最初はハーデューラ製マットが敷いてあったが、ビニール外皮のパネルに変わった。当初モケット張りだったホイールアーチのトリムはPVCに変わった。スクリーンピラーにはレキシン、サイドシルにはビニードが用いられた。

以上、パーツブックから拾い集めた情報をもとに話を進めたが、ジャガーの内装修復を専門とするサフォーク・アンド・ターレー社に言わせると、必ずしも正しくないらしい。同社によれば4.2にモケットが使われた例は一度もなく、トランク板は一貫してビニール張りだった。さらにヒンジカバーは金属カップ製で、真空成形PVCでカバーしてあり、ホイールアーチは"留め金なしのPVC"でカバーしてあったというのが同社の言い分だ。

トーボード、フロントフロア、ギアボックストンネル両脇、フロアクロスメンバー両脇、ラゲッジフロア内収納窪みにはカーペットが敷かれる。ハーデューラ製マットは以下の部分に用いられる。トーボード(これもサフォーク・アンド・ターレー社はカーペットだけだったと言う)、ダッシュ両サイド下、スカットル両サイドおよび中央部下、フロアシートパン、ラゲッジフロア内収納窪み。ゴム引き防音フェルトが広範囲に用いられる一方、対振動材がドアパネル、ドアボトムレール、スカットル両サイド、シート後方のバルクヘッド、ラゲッジフロア内収納窪みに用いられた。またギアボックスカバーとギアボックス上部の間にはポリウレタン製防音パッドが挟みこまれている。

背の低いパッセンジャー用に、助手席床に固定するフットレストが納車時ついてきたが、今日まで残っている現品はほとんどない。このフットレストは$\frac{1}{2}$in(12.7mm)の合板製でハーデューラがカバーし、固定部はビニール(レキシン)製だ。余談だが前出ミック・ターレーは「私がジャガーで働いていたころ、このフットレストは旧5ペンス(新2ペンス)で売っていたのを憶えているよ」と語ってくれた。

4.2になってラゲッジスペース拡大用仕切り板のヒンジが変わった。シャシーナンバー1E.20852と1E.31413以

従来とは異なるディスクとキャリパーを採用した、ブレーキ系統は全く新しくなった。ケルシー・ヘイズ製のベロータイプ・サーボに代わり、ダンロップ製の直列サスペンデッド・バキュームタイプが採用になった。

次ページ：4.2Eタイプの内装。レイアウトはそのままに、フィニッシュが大幅に変わった。特に一新されたシートの恩恵は大きかった。グラブボックス兼アームレストがシート間に備わる。

43

降、テールゲートの支持ロッドはピボットつきシザータイプに変わった。

2＋2ではその名の通り、後部に狭い2人掛けシートが追加になり、ラゲッジスペースはクーペより広い。必要に応じてリアシート背もたれの上部を前方に倒して、ラゲッジスペースをさらに拡大できた。

2＋2のラジオコンソールはクーペとは別物で、全体としてハーデューラの使用量も少ない。スカットル両サイドにビニール張りの厚い板紙を用いるなど、その一例だ。2＋2では小さな小物トレーが追加になる。またトンネル自体2＋2では一回り小さく、その配置も異なる。

ダッシュボードと計器類

ダッシュボードに関する変更で一目瞭然なのは、計器パネル中央部の仕上げが黒になった点だ。変更はラジオコンソールにも及び、前面が革張りになり、両サイドはABS系プラスチックで成形したパネルで形成される。灰皿も一回り大きくなった。

点火スイッチ、電流計、スピードメーターは全て変更になった。ただしスピードメーターはmph表示、km/h表示、最終減速比と型式によって各種の設定があった。油圧スイッチが採用され、レブカウンターも変更になり、これと時計とをアッセンブリーで購入することはできなくなった。4.2になって助手席前のグリップハンドルが変

4.2ではドア内側上左隅にトリムが施されている。3.8のこの部分は、ボディカラーに塗られた金属が剥き出しだった。ごく初期型を別として全てのモデルに備わる、室内側のボンネットキャッチが見える。

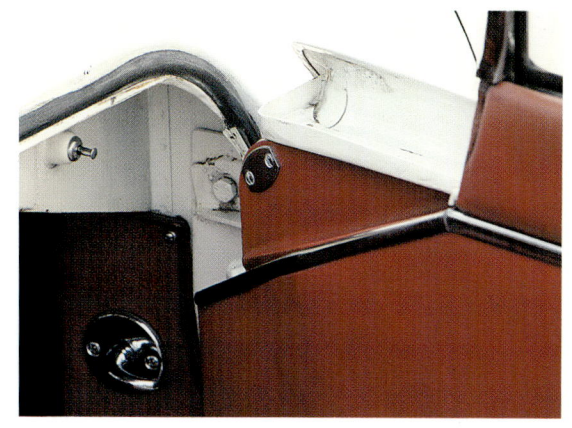

2+2ではオケージョナルリアシートを押しこむため、リアバルクヘッド部は大幅な手直しを要した。

左端：スペアホイールが木製の板の下に収まるのは従来通り。腎臓の形をした燃料タンクの一部が写っている。3.8ではガソリンタンク内に沈んでいた燃料ポンプは、一般的なタイプに代わった。工具はロール状にまとめる。

左：トリム地の多くが変更になったものの、クーペ後部の基本デザインに変更はない。

左：テールゲートのヒンジとキャッチ機構にカバーがついたので、荷物を傷めるおそれがなくなった。ホイールアーチをカバーする内装材は早い時期に変更になった。

左端：スピーカーがラジオコンソール両脇に位置するのは従来通りだが、トリム材は一新された。

更になった。2＋2のフェイシアに備わるグラブボックスは蓋つきだ。方向指示器とヘッドライトスイッチ一体型ユニットも変更になり、併せてそこにつくカバーも変わった。1966年9月以降、各スイッチの機能を表示する細長いパネルと、計器の照明は従来の青から緑に変わった。また、イタリア仕様には車幅灯点灯警告灯が備わった。

エンジン

言うまでもなく、4.2 Eタイプは新型XKエンジンを搭載する。シリンダーボアを92.07mmに拡大することで、排気量は4235ccに増えた。シリンダーの配置を手直しして、ブロック長を伸ばさずにボアサイズの拡大を果たした。すなわち2番と5番はオリジナルの位置のまま、3番と4番を近づけ、1番と6番を外側にずらしたのだ。ベアリング位置も、強化された新型クランクシャフトに見合うよう再調整を受けた。一方増大したトルクに対処すべ

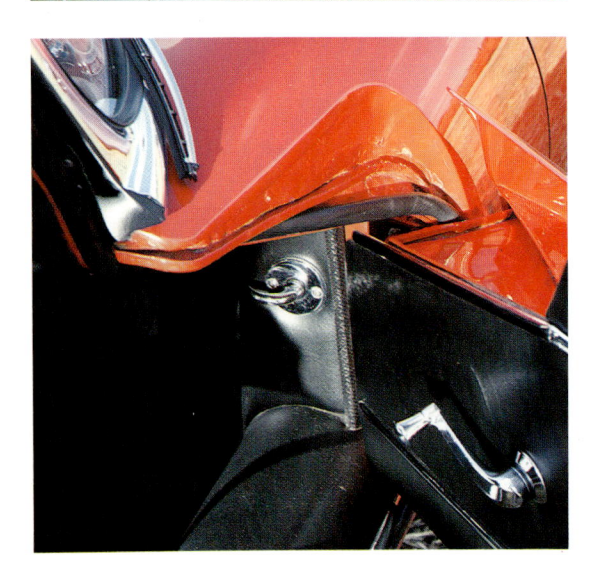

上左：後席パッセンジャー（小柄な人に限られた）用の＋2シートを立てた状態。

左端中：リアシートは使わないとき前方に折り畳むことができ、広大なラゲッジスペースが生まれた。最も実用性に富んだEタイプだ。

左：1965年11月、従来のステーに代わってシザータイプの支柱がテールゲートに採用された。

下左：ドアの車内側、前端部周囲。クーペと2＋2(写真)とではこの部分にかなりの差異がある。

左：写真のように2+2の後席を畳むとラゲッジスペースが拡大した。テールゲートのレリーズキャッチは右側シートベルト固定部のすぐそばに位置する。

下：3.8モデルに採用されたアルミシート地は特徴的ではあったが安っぽかった。4.2では基本レイアウトはそのままに黒に仕上げに改められた。

く、ウェッブは肉厚を増した。

4個あるクランクシャフトのバランスウェイトの配置を調整し、7個あるメインベリングにかかる負荷を軽減した。また新設計のトーショナルダンパーがクランクシャフト前端につく。シリンダーブロックは改良を受け、ボア回りの冷却水がスムーズに循環するようになった。新型ピストンにはクローム仕上げのトップリング、テーパー形状のセカンドリング、マルチレールのオイルコントロールリングが嵌めこまれる。なお、シリンダーヘッドは3.8用と事実上同一である。

キャブレター

4.2にもHD.8型トリプルSUキャブレターが採用されたが、新モデルでは本体に変更がある。ボディナンバーは前から後ろに向かってAUD.9171、AUD.9172、AUD.9172。ちなみに従来はAUC.8271、AUC.8272、AUC.8272

だった。

吸気マニフォールドも変わった。鋳造アルミ製でバキュームバランスパイプが鋳こまれており、冷却水通路が内蔵されている。

冷却系統

4.2には従来より耐久性のある銅製クロスフローラジエーターが採用になり、結果として関連部品が多数変更になった。ヘッダータンク、固定ブラケット、冷却ファン用シュラウドなどがその一例だ。ラジエター下端部およびサブフレームクロスチューブと、冷却ファンアッセンブリーの間のダクトシールドに変更はない。ファンモーターはジャガー車に共通のパーツナンバーをあてがわれているが、ルーカスのパーツナンバーは品番が進んでいる（78378/Bに対して78378/D-3GM）。フィラーキャップは3.8後期型の$0.49kg/cm^2$圧に代わり、$0.63kg/cm^2$圧が装着された。ヘッダータンクとラジエター左側（前から見て）を繋ぐエルボーを除いてホースは全て変更になった。

排気系統

3.8後期型のダウンパイプとテールパイプ・アッセンブリーに変更はないが、アルミニウム処理されたツインサイレンサーが採用になった。サイレンサー自体も変わり、本体が短くなり、長いパイプがその後に続く。3.8では本体が長く、パイプが短かった。

2+2の排気系は当然ながら全長が長い。ツインサイレンサー本体も長く、これを中央部で固定するパーツも別物だ。

電気系統

電装系統はプラスアースからマイナスアースに変わった。長らく使われたダイナモが4.2になって姿を消し、910rpmでフル充電に達する11ACオルタネーターが採用になった。クランクシャフト先端のVベルトが駆動するこれは、三相交流電流を発電し、シリコンダイオードが直流に変える。エンジンナンバー7E.633からオルタネーター保護のため遮蔽版がついた。

冷寒時の始動性を向上するため、プリエンゲージのスターターが採用になった。エンジンに対するスターターのギア比は11.6：1から12.8：1へと大きくなった。

3.8ではガソリンタンク内に沈んでいた燃料ポンプは一般的な型式に変わった。併せてコントロールボックスと固定ブラケットも変更になった。3個ある54038032-4.FJ 35ampヒューズボックスはそのまま踏襲された。一方3.8についていた54038010-4.FJヒューズボックスは、5ampヒューズ1個と50ampヒューズ1個を内蔵していたが、これは35ampヒューズ2個と50ampヒューズ2個を内蔵する54038051-4.FJヒューズボックスに変わった。

後期型3.8用の高音と低音が使い分けられるホーンはそのまま引き継がれたが、シャシーナンバー1E.1063、1E.10772、1E.20363、1E.30857以降、およびシャシーナンバー1E.20335にはこれとは異なるホーンとブラケットがつく。ワイパーモーター（右ハンドルと左ハンドルとで

は異なる）、ワイパーリンクセット、メインリンクアッセンブリー、プライマリーリンクに変更はないが、ワイパーアーム自体は新しくなった。

シャシーナンバー1E.1165、1E.20371、1E.10754、1E.30825以降、ウォッシャーボトルとブラケットが完全に変わり、従来ガラス製だった容器はプラスチック製になった。ジェット自体には変更はない。

4.2生産期間中、各機構に作動電流を送るワイアリングハーネスは2度、計器パネルと前部灯火用ハーネスは1度変更になった。

ヒーターは3.8とほぼ同じだが、一点だけ変更がある。4.2ではウィンドシールドに暖気を吹きつけるための左右ダクトに、"Y"字型のパーツが採用になった。このため風を送るフレキシブルホースの長さは、従来3種だったのが5種に増えた。さらにボンネットとヒーターエアインテーク間のシールも変更になった。

トランスミッション

トランスミッションは、3.8から4.2になって根本的に一新された分野だ。もはや旧態化しつつあった3.8のギアボックスに代わって、ローギアにもシンクロがつく新設計ユニットが採用された。イナーシャロック・ボークリング（各ギアにつく）のおかげで、シンクロが完全に完了するまでギアが噛み合わないようになったので、シフトの際、ギアを傷める恐れがなくなった。シングルヘリカルギアは、バランス取りのなされたヘリックスアングルを持っており、ゆえに面圧が相殺され、端部にかかる負荷が軽くなった。

なお、短いギアレバーはフレキシブルマウントだ。ギ

内部機構には大幅な手が加えられたものの、4.2エンジンの見た目はほとんど変わらない。印象的な磨き上げアルミ製カムカバーのそのまま引き継がれた。

トリプルSUキャブレターも健在だ。一方吸気マニフォールドには変更があり、エアクリーナーインテークボックス上面にリブが3本走るようになった。

ア は一枚ずつ、内部の靭性を保ったまま表面層を硬化する、いわゆる肌焼きを施され、しかもクラウンの表皮を薄く削ぐ処理を施されている。レイシャフトとランニングギアは、全て強制潤滑式ニードルローラーベアリングが支持する。オイルはギアボックス後部のポンプが圧送する。

レイコック製10in(254mm)径ダイアフラムクラッチが採用になり、ペダル踏力が軽くなってトラベルが短くなった。なおクラッチは後になってボーグ・アンド・ベック製に戻っている。

2+2ではホイールベースが伸びたことにより、ATが搭載できるようになり、ボーグ・ワーナー製モデル8、3速ATが採用になった。なお2+2のマニュアルギアボックスには、テールシャフトに9in(229mm)長のエクステンションがつく。

生産上の変更点
シリーズ1 4.2ℓ

＊OTS：ロードスター／FHC：クーペ

●1964年12月
エンジンナンバー 7E.1337以降
コンロッド変更(C.7917/2)。スモールエンド付近にオイル噴霧穴を新設。

エンジンナンバー 7E.1405以降
取り外しを容易にするためウォーターポンプ変更。

●1965年1月
ラジオ取り付け用開口部を設けたパネル変更。

OTS：1E.1012以降1E.10313まで
FHC：1E.20080以降1E.30252まで
シートスライド・レールを床に固定する固定具前部にスペーサー採用。

OTS：1E.1040以降1E.10338まで
FHC：1E.20098以降1E.30293まで
シートスライド変更。

ギアボックスナンバー EJ.246以降
リアオイルシールハウジング変更。

エンジンナンバー 7E.1725以降
吸気マニフォールド変更。バキュームアダプターを従来の挿入式からねじ込み式に。

●1965年3月
ギアボックスカバー変更。ギアボックスカバー兼プロペラシャフト・トンネルパネル変更。

OTS：1E.1039以降1E.10338まで
FHC：1E.20098以降1E.30292まで
フロントサスペンション・ボールジョイント部のグリースシール向上のため各種新パーツ採用。

OTS：1E.1047以降1E.10338まで
FHC：1E.20100以降1E.30302まで
タイヤが跳ね上げた泥からフロントブレーキディスク内面を保護する遮蔽版装着。

FHC：1E.20117以降1E.30402まで
室内トリム変更のため各種パーツ採用。このためボディシェルの変更を要した。

ギアボックスナンバー EJ.945以降
常時噛み合いピニオンシャフトのローラーベアリング変更。

エンジンナンバー 7E.1882以降
吸気マニフォールドガスケット変更(C.23232/1)。

OTS：1E.1077以降1E.10430まで
FHC：1E.20137以降1E.30443まで
フロントキャリパー変更。ブリードスクリューが内側に位置変更。

●1965年4月
エンジンナンバー 7E.2459以降
ディストリビューターキャップが水密式に。

エンジンナンバー 7E.2694以降
オイルサンプ変更(C.24457)。

●1965年6月
OTS：1E.1104以降1E.10046まで
FHC：1E.20208以降1E.30034まで
スピードメーターのフレキシブルケーブル変更。

OTS：1E.1152以降1E.10703まで
FHC：1E.20329以降1E.30772まで
カナダ、ニューファンドランド、アメリカ仕様以外の車両に3.07：1の最終減速比採用。カナダ、ニューファンドランド、アメリカ仕様には3.54：1の最終減速比を採用。

OTS：1E.1163以降1E.10772まで
FHC：1E.20363以降1E.30857まで
ホーン、ワイヤリングハーネス、ヘッドライトコネクターケーブル変更。

OTS：1E.1165以降1E.10754まで
FHC：1E.20371以降1E.30825まで
ウィンドスクリーン・ウォッシャー・ユニット設計変更。リザーバーがプラスチック製に(C.25438。ルーカス2SJに代わりルーカス5SJ)。決められた一定時間しか噴出しない方式に代わり、ウォッシャースイッチを押している限り噴出するように変更。

OTS：1E.1178以降1E.10784まで(3.07：1)
FHC：1E.20397以降1E.30862まで
OTS：1E.10740まで(3.54：1)
FHC：1E.30807まで
最終減速ユニット変更。ドライブシャフトフランジがドライブシャフトと一体型に。

OTS：1E.1202以降1E.10848まで
FHC：1E.20502以降1E.30890まで
プロペラシャフトトンネル変更。ギアボックスカバー兼プロペラシャフトトンネルパネル変更。

OTS：1E.1226以降1E.10958まで
FHC：1E.20612以降1E.30982まで
左ヒーターダクト変更(C.25408)。ダッシュも同時に変更。

OTS：1E.1226以降1E.10958まで
FHC：1E.20612以降1E.30912まで
スピードメーターケーブルに手が届くように、右ギアボックスサイドパネルに開口部を設ける。同開口部はプラグ(BD.10821)にてシール。上記以前のナンバーでもこの変更を受けている車両が一部ある。

エンジンナンバー 7E.3423以降
オルタネーターブラケット変更(C.25158)。

●1965年9月
OTS：1E.1286以降1E.11118まで
FHC：1E.20753以降1E.31171まで
ダッシュフロント開口部を塞ぐパネルとシル変更。

ギアボックスナンバー EJ.3170以降
常時噛み合いピニオンシャフトのベアリング径が浅くなり、従来のローラーベアリングの下に使われていたスペーサーが不要になった。

OTS：1E.1253以降1E.11049まで
FHC：1E.20692以降1E.31078まで
エンジンブリーザー変更。

●1965年11月
OTS：1E.1235以降1E.11166まで
FHC：1E.20633以降1E.31244まで
ラックピニオン・アッセンブリー変更。併せてハウジングも変更。

OTS：1E.1293以降1E.11121まで
FHC：1E.20763以降1E.31177まで
リアダンパー変更(C.25951 64054299E)。

OTS：1E.1377以降1E.11364まで

FHC：1E.20900以降1E.31527まで
リアサスペンションのコイルスプリング変更(C.25939)。

FHC：1E.20852以降1E.31413まで
テールゲート支持ロッド、セルフロック式に。

OTS：1E.1334以降1E.11158まで
リアバルクヘッドパネルとホイールアーチスカートの間にシールパネル採用。

エンジンナンバー7E.5170以降
オイルクリーナーのフィルター材質を従来のフェルトから紙に変更。

● 1966年3月
OTS：1E.1387以降1E.11547まで
FHC：1E.20937以降1E.31779まで
フロントフレームにマッドガード追加。

FHC：1E.20939以降1E.31788まで
助手席側サンバイザーにバニティミラー追加。

FHC：1E.20953以降1E.31920まで
ウィンドーフレームのシール材をフェルトからゴムに変更。

OTS：1E.1409以降1E.11715まで
FHC：1E.20978以降1E.32009まで
ダンロップ製SP.41 185HR 15タイアを装着。ただしオーストラリア、カナダ、ニューファンドランド、ニュージーランド、アメリカ仕様を除く。
新しいダンロップSP.41タイアに合わせてスピードメーター変更(最終減速比、mph表示、km/h表示によって各種あった)。
新しいタイアが干渉しないよう、リアサスペンションのバンプストップ変更。

OTS：1E.1413以降1E.11535まで
FHC：1E.20993以降1E.31765まで
ステアリングユニットのピニオン歯数が8枚から7枚に。

OTS：1E.1413以降1E.11741まで
FHC：1E.21000以降1E.32010まで
ブレーキライトの位置変更。ワイアリングハーネス変更。

リアバンパーの取り付けが車両の外側から可能に。以前は燃料タンクとリアホイールアーチからしか手が届かなかった。

クラッチの制御とブレーキ系統に広範囲な変更が施される。

OTS：1E.1458以降1E.12034まで
FHC：1E.21207以降1E.32201まで
アッパーステアリングコラム変更。

● 1966年9月
OTS：1E.1431以降1E.12170まで

FHC：1E.21140以降1E.32316まで
2＋2：1E.50157以降1E.76001まで
ファンサーモスタット変更。

FHC：1E.21134以降1E.32268まで
ラゲッジスペース拡大用の仕切り板変更。

OTS：1E.1458以降1E.12034まで
FHC：1E.21207以降1E.32201まで
方向指示器／ヘッドライトパッシングスイッチ変更(C.25256)。

OTS：1E.1465以降1E.12522まで
FHC：1E.21215以降1E.32597まで
エアクリーナーと支持ブラケット変更。

OTS：1E.1479以降1E.12580まで
FHC：1E.21228以降1E.32632まで
ボンネットとフロントフェンダーアッセンブリー、フロントバンパー、ヒーターエアインテークエクステンションが2＋2モデルと共用化。

OTS：1E.1484以降1E.12638まで
FHC：1E.21235以降1E.32667まで
2＋2：1E.50008以降1E.75075まで
ブレーキオイルレベル／パーキングブレーキ作動警告灯用ターミナルにゴムスリーブ装着。これで回路がショートしなくなった。

OTS：1E.1490以降1E.12688まで
サンバイザー採用。

OTS：1E.1490以降1E.12693まで
FHC：1E.21254以降1E.32685まで
リアエンジンマウントコイルスプリングの頂部にゴムシール装着。コイルスプリングリテーナー変更。

OTS：1E.1498以降1E.12717まで
FHC：1E.21266以降1E.32692まで
各スイッチの機能を表示する細長いパネルと、計器の照明が青から緑に変更。

FHC：1E.21312以降1E.32766まで
フロントドアガラスのガイドチャンネル変更。

エンジンナンバー7E.7298および7E.50022(2＋2)以降
キャブレター変更。ジェットハウジングアッセンブリーが変更になり、チョーク使用時のアイドリング回転数が下がる。

エンジンナンバー7E.7450および7E.50022(2＋2)以降
バルブガイド変更。サークリップが位置決め。

エンジンナンバー7E.50025(2＋2)以降
中間スプロケットが鋳鉄製に。

エンジンナンバー7E.7811および7E.50047(2＋2)以降

クラッチの引きずりを防ぐため、クラッチドリブンプレート変更。新型ドリブンプレートはかすかに凸面形状をしており、ハブ付近に青白色と紫色のペイントマークが施されるので識別できる。

エンジンナンバー7E.51452(2＋2)以降
キックダウン用カムコントロールロッドとケーブル変更。

● 1966年12月
2＋2：1E.50122以降1E.75863まで
ドアの腰の高さにつくクロームモールの取り付け方法変更。

ギアボックスナンバー EJ.7920およびEJS.7920(2＋2)以降
シフトレバー基部に固定ワッシャー採用。

OTS：1E.1545以降1E.12965まで
FHC：1E.21335以降1E.32888まで
排気ダウンパイプ上に遮熱版装着。

OTS：1E.1561以降1E.13011まで
FHC：1E.21342以降1E.32942まで
クラッチペダルスチールパッド変更(C.26532)。マスターシリンダー変更。プッシュロッドが異なる(C.26531)。アクセルペダルと関連部品変更。ブレーキスチールパッド変更。マスターシリンダーのプッシュロッドが短くなる。

エンジンナンバー7E.9210および7E.50963以降
シリンダーヘッドガスケット変更。

エンジンナンバー7E.9292および7E.51102以降
燃料フィルターとキャブレターを結ぶ燃料パイプ変更。

OTS：1E.1599以降1E.13182まで
FHC：1E.21380以降1E.33120まで
2＋2：1E.50156以降1E.75992まで
排気マフラーとテールパイプは従来溶接で繋いでいたが、ラグクリップ留めになる。

● 1967年3月
OTS：1E.1607以降1E.13206まで
FHC：1E.21388以降1E.33150まで
右スカットルトップケーシングは従来アルミをレキシンでトリムしていたが、ファイバーボード製に変更。

OTS：1E.1658以降1E.13387まで
FHC：1E.21389以降1E.33140まで
ウィンドスクリーンガラスの材質変更。

OTS：1E.1686以降1E.13589まで
FHC：1E.21442以降1E.33549まで
2＋2：1E.50586以降1E.76911まで
ギアボックスカバー／プロペラシャフトトンネルカバー変更。シフトレバーにはグロメットに代わり内装材であるアンブラ地を用いたブーツ装着。

OTS：1E.1686以降1E.13725まで
FHC：1E.21443以降1E.33644まで
中央スカットルトップケーシングは従来アルミをレキシンでトリムしていたが、ファイバーボード製に変更。

エンジンナンバー 7E.10009および7E.52155以降
フロントオイルサンプシール変更(C.24611/1)。

●1967年7月
OTS：1E.12025まで
FHC：1E.32194まで
アメリカ仕様にハザード警告灯装着。

OTS：1E.1690以降1E.13847まで
FHC：1E.21451以降1E.33709まで
2＋2：1E.50641以降1E.76934まで
排気テールパイプはボルトではなく、溶接されたストリップにより連結される。

OTS：1E.1693以降1E.13952まで
FHC：1E.21451以降1E.33775まで
ドアの水抜きトレー変更。

OTS：1E.1724以降1E.13151まで
FHC：1E.21481以降1E.33091まで
各種電装品変更。点火警告灯コントロールユニットが油圧スイッチに取って代わる。油圧スイッチアダプターは従来シリンダーブロック内のオイル通路内に位置していた。同アダプター用に開けられた穴は、この部分以外のオイル通路に開いた穴を塞ぐプラグと同じプラグを用いてシールする。

OTS：1E.13805まで
FHC：1E.33689まで
2＋2：1E.76922まで
ハザード警告灯装備の車両には、同警告灯コントロールパネル周囲にカバー(C.27599)がつく。

FHC：1E.21223以降1E.32609まで
2＋2：1E.50001以降1E.75001まで
熱線リアウィンドー装備の車両にはテールゲートのガラス回路内にスイッチと警告灯を内蔵する。熱線リアウィンドーを使用中、車幅灯を点灯すると同回路内のリレーが警告灯を自動的に減光する。

OTS：1E.1763以降1E.15110まで
FHC：1E.21489以降1E.34303まで
リアハブキャリアー変更。

2＋2：1E.50661以降1E.76950まで
後席背もたれ上部変更。

ギアボックスナンバー EJ.11777およびEJS.11777(2＋2)以降
シンクロスラストメンバーに従来より軽量のスプリング採用。

エンジンナンバー 7E.10957および7E.52608(2＋2)以降
クランクシャフトダンパー変更。

カラースキーム

1965、1966、1967年(9月まで)

ボディ	室内
Cream	Black
Warwick Grey	Red, Light Tan, Dark Blue
Sherwood Green	Suede Green, Light Tan, Tan
Dark Blue	Red, Light Blue, Grey
Black	Red, Grey, Tan, Light Tan
Carmen Red	Black
Opalescent Silver Grey	Red, Light Blue, Dark Blue, Grey
Opalescent Silver Blue	Grey, Dark Blue
Opalescent Dark Green	Suede Green, Beige, Tan, Light Tan
Opalescent Maroon	Maroon, Beige
Golden Sand	Red, Light Tan
Pale Primrose	Black, Beige

シャシーナンバー／日付

モデル	製造年	シャシーナンバー RHD	シャシーナンバー LHD
ロードスター(OTS)	1964-1967	1E.1001	1E.10001
クーペ(FHC)	1964-1967	1E.2001	1E.30001
2＋2	1966-1967	1E.50001	1E.75001

エンジンナンバーには"7E"の頭文字がつく。

オプション

カーラジオ(RK/JA.16-980。VBW/NEGATIVE)
　長波、中波専用
カーラジオ(RK/JA.16-982。VBW/NEGATIVE)
　中波専用
カーラジオ(RK/JA.16-530。T/VA/NEGATIVE)
　中波、短波専用
フェンダーミラー(マグナテックス M2VC/6C)
燃料注入キャップ(施錠式 WB.7/8653)
前席安全ベルト(3点式)固定ボルト、アイボルトつき
テールゲートのガラス(透明ガラス)
テールゲートのガラス("サンダイム"ガラス)
クーペ専用の熱線リアウィンドー(注：このパーツブックの記述は誤り。2＋2専用が正しい)
ジャガーのウィングつきキーホルダー(革製)
エナメル製ジャガーエンブレムつきキーホルダー(革製)
ステアリングコラムロックとイグニッションスイッチ
ディタッチャブル・ハードトップ
ハードトップ装着キット
数字が銀色のフロントナンバープレート(デカール式)
数字が銀色で盛り上がっているリアナンバープレート

上記はジャガー社がパーツリストに掲げたオプション一覧である。

シリーズ1½ 4.2ℓ

シリーズ"1½"が生産されたのは1年間に過ぎない。その僅かな間にシリーズ1からシリーズ2へと次第に変貌していったため、位置づけの曖昧な、紛らわしいモデルになってしまった。しかも場合によって、まずアメリカを始めとする輸出モデルにのみ仕様変更を施し、時間差を置いてイギリス国内仕様にも同じ変更を採用したため、一層紛らわしさが募った。ちょうどアメリカ連邦安全基準の第一波がイギリス車を襲ったころに登場したが、まださほど悪影響は受けておらず、変更になったヘッドライトにその兆候が認められるに留まる。

ボディ

シリーズ"1½"というのは、発表後につけられた名前で、部分的にはシリーズ1であり、別の部分ではシリーズ2という奇妙な折衷モデルだ。短い生産期間中にシリーズ2への変更部分が増えていったので、紛らわしいことこの上ない。アメリカ仕様を中心とした輸出仕様がイギリス国内仕様から乖離していった部分もあり、しかもその変更がアトランダムに行われたので、さらに紛らわしさが募る原因となっている。当時Eタイプには21箇所の変更が施されたと言われた。

ボディではボンネットとドアの形状が微妙に変わった。そのドアには衝突時不用意に開かないためのロックが採用になった。

ボディトリム

特徴的だったヘッドライトのガラスカバーがなくなり、抉り部分周囲をクロームトリムが巡り、頂部にはフィニッシャーが追加になった。ドライバー側にフェンダーミラーが備わるようになった。

灯火類

ハザード警告灯が標準装備になった。

ステアリング

アッパーおよびロワー・ステアリングコラムは衝撃吸収式のGMサギノー製になった。ステアリングホイールからは光を反射する光沢面がなくなった。

ホイール

左ハンドル車のクローム仕上げスピンナーから"耳"がなくなったので、緩めるのに専用のスパナが必要になった。

タイア

ラジアルタイアが採用になったのはシリーズ1½からというのがジャガーの公式発表だが、イギリス国内仕様では1966年3月からラジアルを履いていた。

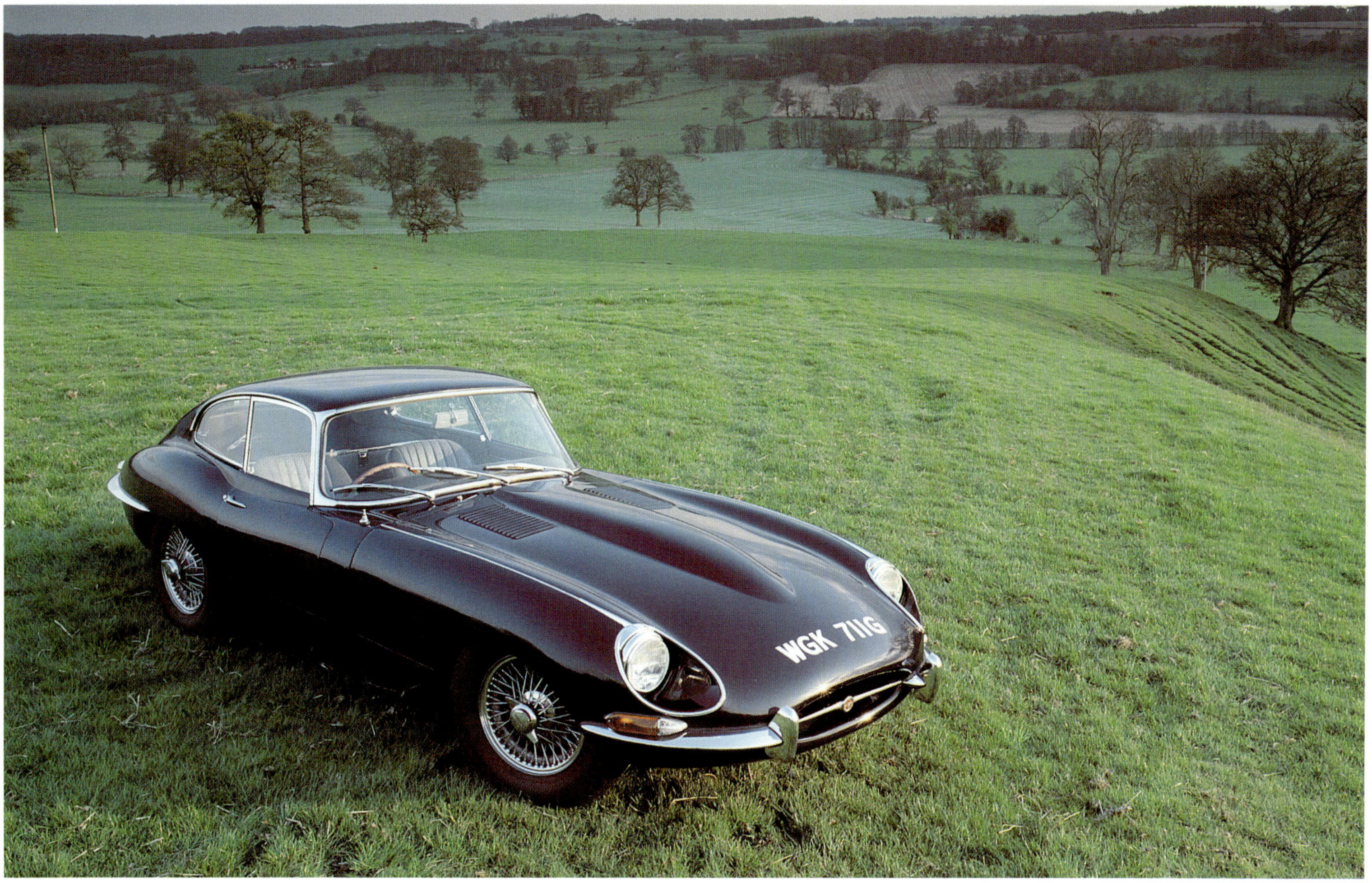
WGK 711G

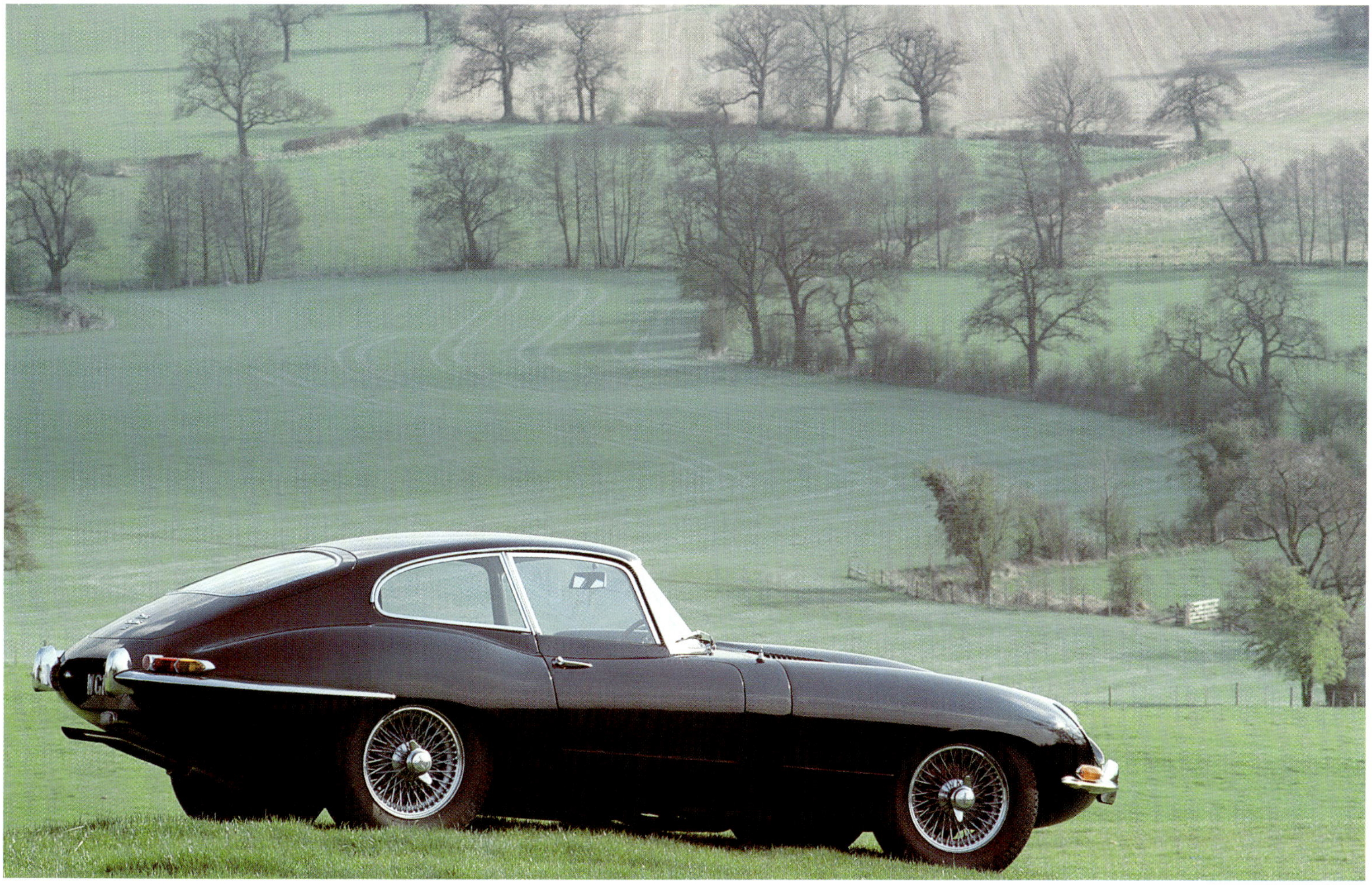

上：シリーズ"1½"という名称をメーカーが用いた例は一度もない。愛好家達によってモデル登場後、自然にそう呼ばれるようになったのだ。

左端：この中間モデルからは、特徴的だったヘッドライトのガラスカバーが消えた。いずれにしてもこのカバーはデザイン上つけられただけで、照度には貢献しなかった。このモデルでは頂部にクロームフィニッシャーが新たに追加になった。ヘッドライトのつく円筒状の抉り形状には光を遮る部分があることが分かり、次のモデルでは修正された。

左：オリジナルのハブは入り組んだ形状をしていたが、1968年7月写真のようにつるっとした掃除の楽な形になった。このころまでに輸出仕様のスピンナーは"耳"がなくなっていた。

室内トリム

シート背もたれは角度調整ができるようになり、確実にロックするレバーが備わる。調整レバーは角形でプラスチック製の押しボタンがつく。またシートベルトが新しくなり、衝突時不用意にドアが開かないためのロックが採用になった。室内ドアハンドルはドアトリム開口部の奥に収まり、ウィンドーレギュレーターが丸みをおびた形状になった。これらはすべて安全対策だ。

従来は平らだったギアボックストンネルの両側は窪んだ形になった。調整機能が増えて幅の広がったシートを

収納するためである。また従来球形だったATレバーノブは表面積を増やすため洋梨の形に変わった。

室内ミラーも変わりプラスチックのトリムが施された。ステーおよび固定ネジは衝突時90ポンド（40.8kg）の力が加わると脱落するタイプになった。

ダッシュボードと計器類

短かった同モデルの生産期間中、この分野には多数の変更が施された。シリーズ1½の初期型ではシリーズ1用のスイッチが用いられたのに対し、後期型ではロッカータイプに改められたのはその一例だ。アメリカの連邦基準に合わせたためで、これ以外にも大方の変更は同基準に合わせるために行われた。それゆえハザード警告灯が追加になるなど、ダッシュボードも見直しを余儀なくされた。

新しいセンターコンソールには、変更になったチョークとヒーターコントロールが備わる。この二つは使用し

上：国内仕様の室内。少なくとも初期型では変更部分はごく僅かに過ぎないが、この写真にも変更後のヒーターとチョークコントロールが写っている。

右：シリーズ1 4.2にはあったアームレストが姿を消した一方、室内側のドアハンドルは一新され、この窪み部分の中に収まるようになった。ハンドル背後にはドア引手が備わる。

下：最初はボトルジャッキだったが、1962年7月にカンチレバー式に変わった。

ていない時にはコンソールと面一になる。新型ライターの位置が移って、大いに安全になったのは間違いない。イグニッションとスターターが一体となったスイッチも、より保護された位置に引っ込んだ。方向指示器レバーのノブも新しくなり、ここにホーンボタンが内蔵される。ダッシュボードのデフロスター／デミスター用空気吹き出しスロットも手直しを受けた。

時計が電気式になり、伝統的な電流計に代わりバッテリーインジケーターが備わった。灰皿の位置が変わった。

イギリス仕様の中には、イグニッションスイッチが従来型と新型の2個ともついた車がある。切り替え時期の混乱を端的に示す一例だ。

エンジン

マニフォールディングとキャブレターを中心として、エンジンの変更箇所は多数ある。初めて施行されたアメリカの排ガス規制をクリアするためだ。見た目には長年

親しまれた磨き上げアルミのカムシャフトカバーが廃止になった。新型は黒の仕上げで一段高いリブ部がシルバーだった。

キャブレター

アメリカ仕様では、排ガス中の大気汚染物質量を規定値内に抑えるため、ゼニス・ストロンバーグ製CD可変ベンチュリ式キャブレター2基と、デュプレックス製クロスオーバー式マニホールドが採用になった。これは、混合気をキャブレター裏側の専用ホットスポットに導き、しかるのちに吸入ポートに戻すシステムだ。スロットル開度が小さいとき、ガソリンを完璧に気化させて、結果的にきれいに燃やしきるのが目的である。

ヨーロッパ仕様では上記の仕掛けは免れ、SUキャブレターが引き継がれた。

電気系統

ワイパーアームとスピンドルは、従来の光沢クロームから、反射のない梨地クローム仕上げになった。ワイパーモーターの焼きつきを防ぐため、氷結などによりワイパーの動きが封じられた時には、自動的にスイッチが切れる機構が備わった。

オプション

オプションはシリーズ1から変更がないと思われる。シリーズ1½用のパーツブックはない。

生産上の変更点
シリーズ1½ 4.2ℓ

＊OTS：ロードスター／FHC：クーペ

●1968年1月
OTS：1E.1712以降1E.14583まで
FHC：1E.21473以降1E.34147まで
2＋2：1E.50710以降1E.77047まで
モチーフバー(BD.17700/1)とゴムマウント変更。

OTS：1E.1864以降1E.15889まで
FHC：1E.21584以降1E.34550まで
2＋2：1E.50975以降1E.77645まで
ヘッドライトに手が届くように、ボンネットとフロントフェンダー変更。

エンジンナンバー 7E.11819以降および 7E.52717 (2＋2)以降
クラッチハウジングをシリンダーブロックに固定するボルトが9から8個に減る。一番高い位置の取り付け部が省略になった。

エンジンナンバー 7E.12160以降および 7E.53210 (2＋2)以降
クラッチ作動ロッドのアジャスターとピボットピン変更。

●1968年7月
圧縮比9：1のエンジン。ブリコ製スプリットスカート・ピストンに代え、ヘップワース・グランデージ製ソリッドスカート・ピストン装着。
「アメリカ連邦基準に合致するため、1968年4月1日以降のアメリカ仕様には全て、"Tyre Recommendation Plate"がグラブボックスリッド内側に貼ってある。同プレートには以下の表示がある。
最大積載重量
乗車定員
座席配置
推奨タイア空気圧
推奨タイアサイズ
タイアについての情報は、タイアウォールにも鋳型成型にて記されている。生産がやや遅れているため、現行タイアには上記の表示はないが、ステッカーラベルが貼ってある」サービス・ディビジョンの広報より。

2＋2：1E.50681以降1E.77377まで
小物トレー変更。

エンジンナンバー 7E.13501以降および 7E.53582 (2＋2)以降
レイコック製クラッチに代わって、ボーグ・アンド・ベック製ダイアフラムスプリング・クラッチ採用。

エンジンナンバー 7E.14213以降および 7E.53743 (2＋2)以降
エキセントリックウォール・ビッグエンド・ベアリング採用。

エンジンナンバー 7E.16336以降および 7E.54362 (2＋2)以降
シリンダーブロック・ヒーター(C.30380 110v)がカナダ仕様に標準装備。

エンジンナンバー 7E.16755以降および 7E.54609 (2＋2)以降
点火コイル変更。ハイテンション・コネクターが押し込み式に。"SW"と"CB"の表示が"＋"と"−"表示に。

2＋2：1E.50875以降1E.77407まで
フロントトーションバー大径化。

OTS：1E.1814以降1E.15487まで
FHC：1E.21518以降1E.34339まで
2＋2：1E.50912以降1E.77475まで
クロームワイアホイールのハブが鍛造に。

OTS：1E.1853以降1E.15753まで
FHC：1E.21579以降1E.34458まで
2＋2：1E.50972以降1E.77602まで
塗装ワイアホイールのハブが鍛造に。

OTS：1E.1896以降1E.16010まで
FHC：1E.21629以降1E.34634まで
2＋2：1E.51017以降1E.77695まで

左：アメリカ仕様では、トグルスイッチからロッカースイッチに変わった。シリーズ"1½"の過渡的な性格は、この写真にも如実に現れている。イグニッションスイッチが2つもあるのだ。ダッシュボードに備わる従来からのスイッチはそのままに、シフトレバー右にもう一つ備わるのがご覧になれるだろう。

右端：伝統的な磨き上げのXKカムカバーが廃止になってしまったのは理解に苦しむ。メーカーはXKカムカバーが時代後れになり、写真のデザインの方が新しく見えるとでも思ったのだろうか。

右：1968年7月シリーズ"1½"のラジエーターが新しくなり、フロントにあったヘッダータンクに代わって、エクスパンションタンクがフロントバルクヘッドにつくようになった。

燃料フィルターの面積が大きくなる。

OTS：1E.1905以降1E.16057まで
FHC：1E.21662以降1E.32772まで
2+2：1E.51043以降1E.77701まで
燃料フィルターは従来の金属メッシュに代わり交換式の布製エレメントに。

OTS：1E.1920以降1E.16099まで
FHC：1E.21669以降1E.34847まで
2+2：1E.51059以降1E.77705まで
ダンロップSPスポーツ・タイア採用。アメリカ仕様はホワイトウォール・タイア。

OTS：1E.1926以降1E.16127まで
FHC：1E.21669以降1E.34851まで
2+2：1E.51067以降1E.77705まで
ハーフシャフトにグリスニップルが備わり、ユニバーサルジョイントの潤滑が容易になる。

OTS：1E.2051以降
FHC：1E.31807以降
2+2：1E.51213以降
バーチカルフロー・ラジエター。冷却水エクスパンションタンク、注入キャップ、ウォーターポンプ・アッセンブリー、ブリーザーパイプ、ウォーターアウトレットハウジング、サーモスタット、サーモスタットハウジング変更。

1968年12月
エンジンナンバー 7E.17865以降および7E.52453（2+2）以降
改良されたバルブシート形状に合わせて、焼結バルブシートの窪みが浅くなる。

カラースキーム

1967年9月から1968年7月まで

ボディ	室内
Cream	Black
Warwick Grey	Red, Light Tan, Dark Blue
Dark Blue	Red, Light Blue, Grey
Black	Red, Grey, Tan, Light Tan
Carmen Red	Black, Red, Beige
Opalescent Silver Grey	Red, Light Blue, Dark Blue, Grey
Opalescent Silver Blue	Grey, Dark Blue
Opalescent Maroon	Maroon, Beige
Golden Sand	Red, Light Tan
Pale Primrose	Black, Beige
Willow Green	Grey, Suede Green, Light Tan, Beige
Beige	Red, Suede Green, Tan, Light Tan
British Racing Green	Suede Green, Beige, Tan, Light Tan

シャシーナンバー／日付

モデル	製造年	シャシーナンバー RHD	シャシーナンバー LHD アメリカ仕様	それ以外の輸出仕様
ロードスター（OTS）	1967-1968	1E.1864	1E.15980	1E.16010
クーペ（FHC）	1967-1968	1E.21584	1E.34583	1E.34752
2+2	1967-1968	1E.50975	1E.77709	1E.77709

エンジンナンバーには"7E"の頭文字がつく。

シリーズ2 4.2ℓ

ボディ

　シリーズ2 Eタイプには、先代の中間モデルと比べれば大きな変更が施されたが、根幹となる構造に変わりはなく、ボディの変更点もごく細部に留まる。

　変更箇所は主にボンネット前端とテールライトに集中している。ボンネットの開口部は大幅に大きくなり、ヘッドライトの窪みも変わった。従来、窪みの内壁はボディと垂直だったのに対し、内側に抉り込む形状になった。燃料フィルターボックス・アッセンブリーもこのシリーズ生産期間中に変更になっている。

　2+2の変更はさらに大がかりだった。ウィンドスクリーンの基部を、バルクヘッドトップパネルの端部まで前進させ、スクリーンの傾斜角を深めたのだ。

　ボンネットを上げる際助けとなる、ガス封入式ストラットが以下のシャシーナンバーより装着された。1R.1188、1R.9570、1R.20270、1R.26387、1R.35353、1R.42118、1R.40940。

　ボディパネルは例外なく今日再生産されている。

ボディトリム

　カバーのつかないヘッドライトの周囲を巡るクロームトリムは、従来以上に存在を主張する位置に見合うよう、

アメリカの連邦基準が、シリーズ2では従来にも増して車の基本部分に影響を及ぼした。外から見えるところ、見えないところ両方で、変更箇所は多岐にわたる。ただし外観上の変更点全てがアメリカのせいという訳ではなく、"フェイスリフト"の必要から施された変更もある。スタイルは国を問わず最も大切だからだ。機構上様々な変更を受けたシリーズ2の登場で、Eタイプは一段と乗りやすい車になり、特に暑い国では実用性が向上した。

ロードスターの売れ行きはずっと好調を維持した。シリーズを問わず、アメリカでもヨーロッパでも、顧客からの需要は旺盛でしかも途切れなかった。クロームの使い方にはややセンスに欠けるきらいはあるものの、センセーションを興したオリジナルの基本フォルムに変わりはなく、依然として胸が高鳴るほど美しい。

クーペのコンセプトに変わりはないが、機構面で現代化され進歩をとげた。ライバルに先んじてディスクブレーキを導入したジャガーのはずだったが、初期のEタイプは、こと制動力に関してはいかんせんお粗末だった。しかしシリーズ2が登場して状況は一歩前進した。ロッキード製に代わりガーリングが製造したブレーキが備わった。このブレーキはフロントに3ポット・キャリパー、リアに2ポット・キャリパーを採用していた。

左：シリーズ2の3番目のモデルが2+2で、今までになく大がかりな改修を受けた。ウィンドスクリーン基部はボンネット／バルクヘッドのラインまで前進し、ウィンドーの傾斜角は一段と深くなった。

右：シリーズ2になって最も目立つ変更点の一つがフロントバンパーだ。フロント全周を取り巻くようになり、ブレードも厚みを増した。

左：この写真だとシリーズ2のクーペ(手前)と2+2が直接比較できる。遠近法のマジックで2+2の全長の方が短く見えるが実際にはクーペより長い。

右端：モチーフバーの中央には、従来の円形ではなく楕円型のエンブレムが備わる。

左：クーペと2+2ではルーフラインが異なるが、リアテールゲートは両車の間で互換性がある。

右：シリーズ2のリアエンドはかなり大きく変わった。新型バンパーは従来より高い位置に取り付けられる。

右端：バンパーがフロント全周を巡るように見えるのは、一新されたモチーフバーのおかげだ。従来より造りががっしりしており、一回り大きくなったフロント開口部の前に備わる。従来は開口部内側に差し込まれていた。

またヘッドライト上部のフィニッシャーとも見合うようデザインが変更になった。ヘッドライト後部のフィニッシャーも、今やデザイン上重要なポイントとなった。なお、オーストラリア仕様ではヘッドライトトリムは塗装された。

バンパーブレードは厚みを増し、モチーフバーがボンネットの美しさを引き立てた。前後のオーバーライダーも変更になった。リアバンパーは従来型が左右コーナー部のみにあったのに対し、新たにリア全周を巡る3つのパーツから構成される型式になり、取り付け位置も高くなった。その下の垂直部分にはステンレス製のパネルがつき、その左右にテールライトが備わる。新しいテールライトはリアクォーターパネルの形状となじまなかったため、クローム仕上げのスペーサーが左右に追加になった。リアのナンバープレートは正方形になった。フロントナンバープレート用のブラケットは輸出仕様の一部では標準装備であり、それ以外の仕様ではオプションで注文もできた。

ボンネットバルジ後部のグリルが変更になり、ウォッシャージェットが"危険な"光の反射を避けるため梨地仕上げになった。

シリーズ2のクーペには2+2の流儀にならって、ドアにクロームトリムがつく車が一部ある。

傾斜角が異なるため、2+2のウィンドスクリーントリムは別物となる。

灯火類

　灯火類はシリーズ2になってスタイリング上最も大きく変わった部分だ。フロント車幅灯／方向指示器のコンビネーションライトは大きくなり、取り付け位置が高くなったバンパーの下に備わる。輸出仕様では前後フェンダーに方向指示器が追加になった。このサイドフラッシャーは、イギリス国内で納車されたシリーズ2初期型にもついていたが、配線はされていなかったと思われる。テールライトもやはり一回り大きくなり、バンパー下に備わる。ロータスは同じテールライトをエラン・プラス2に流用した。新しい後退灯はバンパー下リアオーバーライダー内側、ナンバープレート両側に備わる。ヘッドライトの詳細は以下の通り。

C.25653：右ハンドル車共通。

C.25654：1969年7月31日までの左ハンドル車で以下の国向け輸出仕様。ブラジル、カナダ、チリ、コロンビア、キューバ、ドミニカ共和国、エジプト、エルサルバドル、ギリシア、グアテマラ、ハイチ、ハワイ、ヨルダン、レバノン、マデイラ諸島、メキシコ、ニューファンドランド、ニカラグア、パナマ、ペルシャ湾沿岸、ペルー、フィリピン、プエルトリコ、サウジアラビア、シリア、ウルグアイ、アメリカ、ベネズエラ、南ベトナム、イスラエル。

C.25655：1969年8月1日以降の左ハンドル車で以下の国向け輸出仕様。オーストリア、ベルギー、ザイール、カナリア諸島、キュラソー、デンマーク、フィンランド、西ドイツ、オランダ、アイスランド、イタリア、リビア、ルクセンブルク、ノルウェー、ポルトガル、スペイン、スウェーデン、スイス、イスラエル。

C.25656：左ハンドル車で以下の国向け輸出仕様。アルジェリア、フランス、モロッコ、チュニジア。この仕様には黄色いバルブがついた。

フロント車幅灯／方向指示器の詳細は以下の通り（右ハンドル／左ハンドル）。

C.30875／C.30876：イギリス国内仕様（白色／琥珀色レンズ）。

C.30877／C.30878：カナダ、ハワイ、ニューファンドランド、アメリカ仕様（琥珀色レンズ）。

C.31148／C.31149：ギリシア、イタリア、日本仕様（白色レンズ）。

C.31150／C.31151：上記以外の輸出仕様（白色／琥珀色レンズ）。

上：銀色の台座が備わり、リアスタイル全体が大きく変わった。この台座の上につくナンバープレートは正方形だし、左右のテールライトも新しくなった。

上左：3つの部分から成り立つリアバンパーはリア全周を取り囲む。これでヘビー級のアメリカ車に追突されても、多少はボディを保護できるようになった。

左端：2+2のロックは他のモデル同様、ドアハンドルのノブ内に収まるようになった。

テールライトも一回り大きくなった。バンパーの位置が上に移動したため、その下に取り付けられる。

下：シリーズ1½以降ヘッドライト周囲のデザインは変遷を続け、ここでもさらに一段進化した。ヘッドライトユニットは2in（50.8mm）前方に迫り出し、その頂部に従来より大きなクロームトリムがつく。フロントコンビネーションライトは従来よりずっと大型になり、バンパー下に備わる。サイドマーカーライトをつける車もあった。

下右：フロントサスペンションには細かな変更があったが、基本レイアウトは同じだ。ガス封入式ボンネットストラットに注意。初期型のスプリングに代わり1969年6月登場した。

ブレーキ／テール／方向指示器の詳細は以下の通り（右ハンドル／左ハンドル）。

C.30879／C.30880：下記に示す国を除く全ての輸出仕様（赤色／琥珀色レンズ）。

C.30881／C.30882：カナダ、ギリシア、ハワイ、ニューファンドランド、ポルトガル、アメリカ仕様(赤色レンズ)。

後退灯の詳細は以下の通り。

C.30885：下記に示す国を除く全ての輸出仕様

C.30886：アルジェリア、フランス、モロッコ、チュニジア仕様。

灯火類は今日全て入手可能である。

シャシー

フロントサブフレームから小型のプレートが消えた。このプレートはトップフロントクロスメンバー上にあり、従来これにファンモーターがマウントされていた。これ以外フロントサブフレームに変更はない。

フロントサスペンション

スタブアクスルキャリア内の、キャリパーをマウントするセンター部が従来型から変わった。またトラックロッドエンドが繋がるホリゾンタルリンクが変更になった。

当初大径トーションバーが2+2、および左ハンドルのロードスターとクーペに備わった。サービスマニュアルによると、この大径トーションバーは1970年8月以降の右ハンドルのロードスターとクーペにも採用になったが、パーツブックには同様の記載はない。

ブレーキ

シリーズ2になってジャガーは、ブレーキをロッキード製からガーリング製に鞍替えし、フロントに3ポット

左：安全という大義名分のため、モデルを問わず伝統的なスピンナーは耳を削がれてしまった。

右：ロードスターの幌は相変わらず使い勝手がよかった。中央トグル左のハンドルは標準ではない。

右端：幌のフレームは非常に手のこんだ造りで、今日、いざ交換となると容易ではないし金もかかる。

右：3個のトグルキャッチを用いて幌は手早く立てることができるので、にわか雨に遭遇したときには大いに助かる。

右端：フロントヘッダーには、幌を立てるときも降ろすときもシートを前に倒すよう、オーナーに注意を呼びかける小さなプレートが貼ってある。

キャリパー、リアに2ポットキャリパーを導入した。これでパッド面積が大きくなった。スキール音を消すためディスク外縁の溝にスチールワイアが仕込まれた。

ステアリング

アドウェスト製パワーステアリングがオプションになった。早い時期から右ハンドル車にステアリングロックが採用になった。これは左ハンドル車では発表当時から仕様を問わず標準装着であった。

ホイール

焼き付け塗装されたワイアホイールが標準だったが、クロームメッキ版もオプションで注文できた。仕様に関係なくスポークの強度が高められ、センターが鍛造になった。この"イージー・クリーン"センターは、従来の入り組んだ形状のセンターと簡単に見分けがつく。

1969年3月、耳を持たないスピンナーが右ハンドルに採用になった。この後ディスクホイールがオプションになった。

タイア

アメリカ仕様はホワイトリボンタイアを履いた。他の国向けでもアメリカ仕様と同一ではないが、ホワイトウォールタイアが注文できた。

室内トリム

シリーズ1½のアメリカ仕様で初お目見えした変更点は、シリーズ2では仕様に関係なく採用になった。衝撃を受けると脱落するミラー、ロッカースイッチ、ウィンドーレギュレーター用の丸を帯びたノブなどが一例だ。

シリーズ2にはリクライニングシートが備わった。当時メーカーからのお知らせを見るとこう記してある。「1969年モデルのフロントシートにはヘッドレストが組み込まれています。高さの調整が可能で、摩擦の力でお好みの位置に固定できます」しかしながらヘッドレストはカナダ、日本、アメリカ仕様のみに装着されたというのが実情のようだ。

上記以外の仕様では、3つのタイプのシートが入れ替わり採用になった。ヘッドレストが装着できたのは最後のタイプのみで、ヘッドレスト自体はオプションだった。2番目のタイプ以降、細かい穴の開いた革が使われた。このシートは、シリーズ1½で採用になったシートとはクローム仕上げのリクライナーアームとその頂部にプラスチック製ノブがつく点で異なる。背もたれの裏側はアンブラ仕上げに変わった。この素材はロードスターのホイールアーチを覆うためにも用いられた。

変更なったラジオコンソールは成形フロントパネルを採用し、ライターがラジオ上に位置した。スピーカーを内蔵するサイドパネルは細かい網の目模様の入った黒で仕上げられた。灰皿はセンタートンネルのグラブボックス前に位置する。グラブボックスのリッド留め金が変わった。

エンジン

冷却水の容量が25パーセント増え、ウォーターポンプのエンジンスピードに対するギア比が、1：1から1：1.25に速まった。またヘッドのスタッドが4in（102mm）から12in（305mm）に長くなり、ブロック後部を巡る水路が太くなった。1969年、作動音を低めるため新型カムシャフトが採用になり、メンテナンスの間隔が広まった。

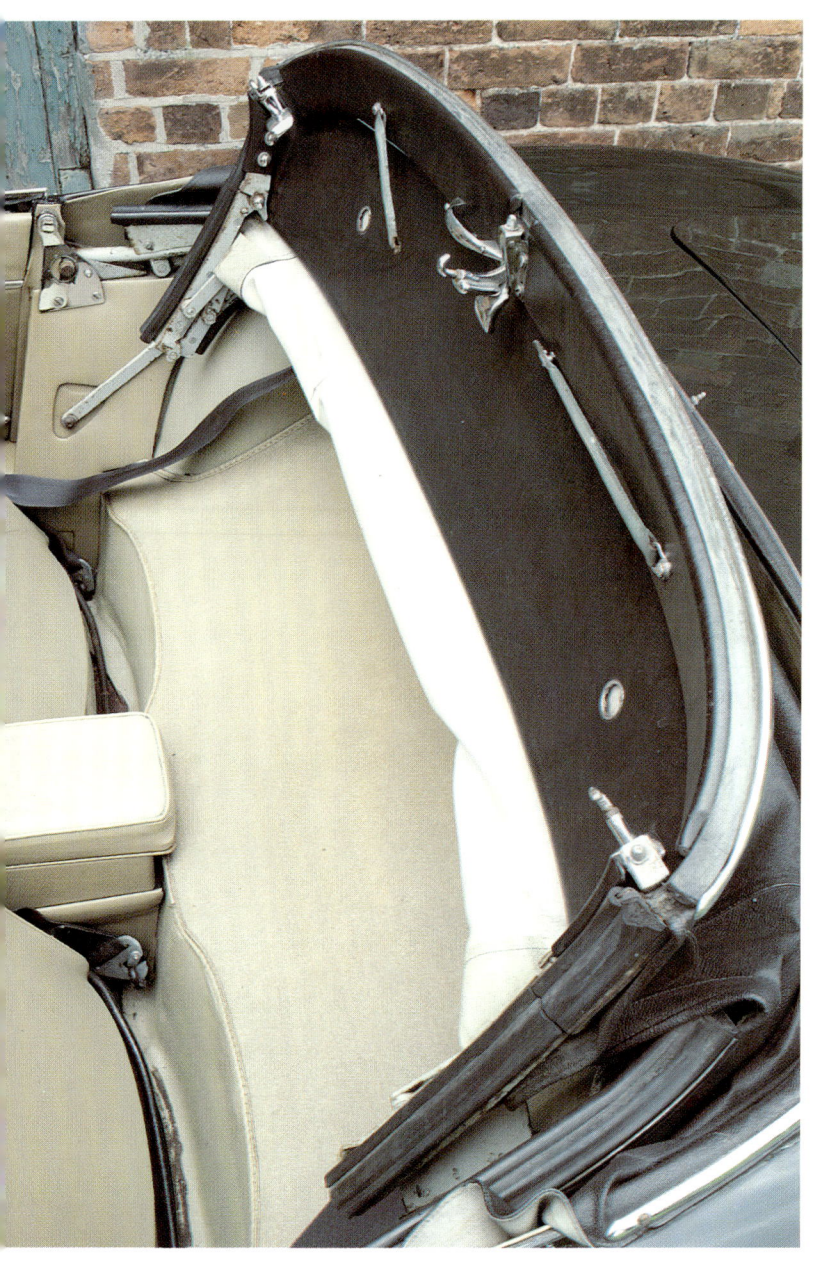

TILT SEATS BEFORE LOWERING OR RAISING TOP

68

左：幌の内側。中央ストラップの張りを保つための奇妙な仕掛けに注意。

左端：灰皿がラジオコンソールからセンターコンソールに移った。シリーズ2の室内に施された小さな変更の一つだ。写真の室内ミラーはノンオリジナルと思われる。ダッシュボード右端の白いスイッチは間違いなくノンオリジナルだ。

下左：幌バッグはシリーズ2になってもついてきた。写真の車はヘッドレストが装着できるシートを備えている。

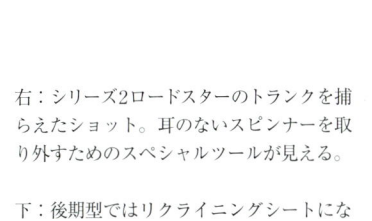

右：シリーズ2ロードスターのトランクを捕らえたショット。耳のないスピンナーを取り外すためのスペシャルツールが見える。

下：後期型ではリクライニングシートになりさらに洗練の度を増した。

左：シザータイプのテールゲートステーがはっきり写っている。1965年11月から採用になった。

下：2+2モデルは良く売れた。ただし今となってはこのモデルが独自の市場を開拓した結果なのか、あるいはこのモデルに限ってジャガーの納車が早かったためなのか定かではない。

右：費用さえ気にしなければ、Eタイプのトリミング修復は最も容易な作業である。内装材の品質は供給元によって大きなばらつきがあるが、概して払った金額に応じて良いものが手に入る。

右端：シリーズ2までに、ロッカースイッチが古いトグルスイッチに完全に取って代わった。ライターはラジオの上に移動した。

下：Eタイプは比較的わずかな設計変更だけで、急進的な安全基準にも合致した。ダッシュボードもほとんど変化がないのは、オリジナルのデザインが生まれながらに安全だったなによりの証拠だ。

キャブレター

ヨーロッパ仕様はトリプルSUキャブレターを受け継いだが、アメリカ仕様は依然ストロンバーグが2基つくだけだった。しかし排ガスコントロールをさらに向上するため、マニフォールド配置が変更になった。これによりクロスオーバー式マニフォールドは廃止になり、吸気マニフォールドを水温で暖めるようになった。

冷却系統

新型クロスフローラジエターとツイン冷却ファンが採用になった。ヘッダータンクの代わりにバルクヘッド上にマウントされたエクスパンションタンクを採用した。

排気系統

新しいナンバープレートと干渉しないようテールパイ

開口部が大きくなった以外、ボンネットの構造に変わりはない。新しいクロスフローのラジエターがエンジン前方に見える。

ヨーロッパ仕様のシリーズ2はトリプルSUキャブレターを引き継いだが、アメリカ仕様はツインのストロンバーグに格下げされ、パワーは大幅に落ちた。

プの曲げ角が広まった。

電気系統

オランダ仕様ではホーントランペットに消音器がついた。このほかワイパーモーターが強力になった。その後少し遅れて、冷寒時の始動に備えて、電圧が変動してもそれに応じて回路内の電流を一定に保つ装置がイグニッションに備わった。ワイパーは今や2本だ。

1970年モデルでは、電気系統の一部を意図的に遮断する装置が特徴だった。スターターを回している間は補機類に繋がる回路を主回路から遮断し、バッテリーに掛かる負担を軽減する仕掛けだ。さらに、キーをイグニッションに差し込んだまま運転席側のドアを閉めると、ブザーが鳴るようになった。灯火等をスイッチオンにしたまま、オーナーが車を後にする危険を回避するためだ。この時以降、ヒーターとチョークコントロールに照明がついた。

今日電装品はその大方がリビルド可能だ。ただ今現在ロッカースイッチがすぐ手に入るかは疑問符がつく。

トランスミッション

ギアボックスのギアの歯のヘリックス角が騒音レベル低減のため変更になった。レイコック製ダイアフラムスプリング・クラッチの踏力が軽くなった。

シリーズ1½にて導入になったエクスパンションタンクは左側に移った。

> **生産上の変更点**
> **シリーズ2 4.2ℓ**
>
> ＊OTS：ロードスター／FHC：クーペ
>
> ●1968年12月
> エンジンナンバー 7R.1346および7R.35089以降。従来、車両下側からしか手の入らなかった、タイミングスケールポインターの位置がエンジン左側に移った。これに併せて、クランクシャフトダンパー上のタイミングスケールの位置も変わった。ボンネットを上げて、エンジン上部から、ストロボスコープ式のタイミングライトからの表示を読み取りやすくするための変更だった。
>
> OTS：1R.1085以降
> FHC：1R.20095以降
> 2＋2：1R.35099以降
> ステアリングコラムロック採用
>
> ●1969年1月
> コンロッドボルト(C.3944)、ナット(C.2361)、割りピン(L.103/5/8U)は、ボルト(C.22236)、平ナット(C.28535)に取って代えられた。締め付けトルクが37.5lb ft(5.1kg/m)になり、引っ張り強度が向上した。
>
> OTS：1R.1013以降1R.7443まで
> FHC：1R.20007以降1R.25284まで
> 2＋2：1R.35011以降1R.40208まで
> ルーカス製11ACオルタネーター採用。ケーブルはサイドエントリー式。
>
> ●1969年3月
> エンジンナンバー 7R.2588(7R.2784から7R.2791を除く)および7R.35731(2＋2)以降。
> ダイアフラムスプリングが強化型になった改良型クラッチ。
>
> OTS：1R.1054以降
> FHC：1R.20073以降
> 2＋2：1R.35099以降
> "耳"のないスピナー採用。左ハンドルでは従来から耳はなかったが、合理化のため右ハンドルでもこれになった。
>
> OTS：1R.1061以降1R.7830まで
> FHC：1R.20102以降1R.25439まで
> 2＋2：1R.35099以降1R.40508まで
> 改良型マスターシリンダースペーサー(C.31725)により、ペダルの踏み代が増え、静止状態からローに入れやすくなった。
>
> OTS：1R.1068以降1R.7993まで
> FHC：1R.20119以降1R.25524まで
> 2＋2：1R.35798以降1R.40668まで
> 新型燃料タンク。アッパーパネルの設計変更。
>
> ●1969年4月
> OTS：1R.9860まで
> FHC：1R.26533まで

2＋2：1R.42382まで
電気系統遮断機構つきイグニッション／スタータースイッチ採用。スターターモーターが回っている間は大半の補記類への電気回路が遮断される。

●1969年5月
エンジンナンバー 7R.4159および7R.36600以降。
カムシャフトカバーはフロント中央部にて皿ビス1個にて固定される。

エンジンナンバー 7R.4489および7R.36958以降。
ウォーターポンプ・スピンドル変更（C.8167/1）。

エンジンナンバー 7R.5264および7R.37489以降。
高い水温で作動するサーモスタットは廃止。これからは輸出仕向け地の気候に関係なく、エンジン全てに水温が上昇する前に作動するサーモスタットが備わる。

エンジンナンバー 7R.5339および7R.37550以降。
エアコンあるいはパワーステアリングを備える車両には、オリジナルのタイミングスケールポインターとクランクシャフトダンパーが再度使われるようになる。

OTS：1R.1138以降1R.8869まで
FHC：1R.20212以降1R.26005まで
細かい穴の開いた革トリム。ヘッドレスト変更。

●1969年6月
エンジンナンバー 7R.5543および7R.37655以降。
シリンダーブロック・ドレーンタップに代わりドレーンプラグ（C.31616）。銅製シールワッシャーは従来通りだが、布製ワッシャーは廃止。

OTS：1R.1188以降1R.9570まで
FHC：1R.20270以降1R.26387まで
2＋2：1R.35353以降1R.42118まで
ガス封入式ボンネットステーがアシストスプリングに取って代わる。

●1969年8月
エンジンナンバー 7R.6306および7R.38106以降。
エンジンナンバーの打刻位置変更。エンジンオイル・ディップスティックのすぐそば、エンジン左側のクランクケース・ベルハウジングのフランジ上に打刻される。

OTS：1R.9457まで
FHC：1R.26320まで
2＋2：1R.35333以降1R.42013まで
複合材によるブラケット（C.31792）。ここにオルタネーター、エアコン・コンプレッサー、パワーテアリング・ポンプがマウントされる。

エンジンナンバー 7R.6573および7R.38136以降。
スピードメーター駆動ギア用オイルシール変更。

OTS：1R.1302（これに1R.1277以降の車両数台が加わる）以降1R.10152（これに1R.10114以降の車両数台が加わる）まで

FHC：1R.20366（これに1R.20354以降の車両数台が加わる）以降1R.26684（これに1R.26649以降の車両数台が加わる）まで
2＋2：1R.35458（これに1R.35440以降の車両が数台加わる）以降1R.42560（これに1R.42539以降の車両数台が加わる）まで
フロントシートにヘッドレストが付けられるようにシートバックに、アタッチメントが施される。

●1969年10月
エンジンナンバー 7R.7504および7R.38502以降。
オイルポンプシャフト変更。従来のピン留めしたローターを持つシャフトに代わり、圧入式インナーローターに変更。

2＋2：1R.35650以降1R.42552まで
曇り取り用の延長チューブ採用。

OTS：1R.1351以降1R.10537まで
FHC：1R.24425以降1R.26835まで
2＋2：1R.35564以降1R.42677まで
時計の電源が水銀電池からバッテリーに。

●1969年11月
エンジンナンバー 7R.8688および7R.8855（私の調べでは38855が正しいと思う）以降。
カムプロファイルを設計変更した新しいカムシャフト採用。

OTS：1R.1411以降1R.11303まで
FHC：1R.20510以降1R.27174まで
2＋2：1R.35648以降1R.42994まで
新型フロントブレーキホース（C.30755）。

●1970年1月
カナダとアメリカ仕様に、キーをイグニッションスイッチに差し込んだまま車を離れるとアラームが鳴るスイッチを採用。

エンジンナンバー 7R.8768および7R.38895以降。
シリンダーヘッドカバー変更。新しいカバーには、排ガスコントロール用の暖気導入ダクトを固定するねじ穴が備えられた。このヘッドカバーは、実際にダクトが装着されるか否かに関係なく、全ての仕様のエンジンに装着された。

OTS：1R.1393以降1R.11052まで
FHC：1R.20486以降1R.27051まで
2＋2：1R.35643以降1R.42850まで
バラストレジスター（電圧変動に対して回路内の電流を一定に保つ）イグニッション採用。

2＋2：1R.35657以降1R.43165まで
ATセレクトレバー改良（C.32539）。磨耗を抑えるためバルクピンの硬度を高める。

●1970年3月
ギアボックスナンバー KE.11769およびKJS.2859（2＋2）
クラッチレリーズベアリング変更（C.23575/2）。スラストパッドのボアに1.0mmの隆起があるので識別できる。

エンジンナンバー 7R.9710および7R.39112以降。
クラッチ作動ロッド（C.31623）およびアジャスター（C.31622）改良。クラッチの調整代が大きくなり、調整後のクラッチ高の許容誤差が大きくなった。

2＋2：1R.35422以降1R.42401まで
パーキングブレーキレバー変更。ピボットピンとレバーの材質変更。

●1970年4月
OTS：1R.1587以降1R.12956まで
FHC：1R.20723以降1R.27870まで
2＋2：1R.35788以降1R.43773まで
ファン作動用サーモスタットスイッチ変更（C.33598）。エンジンのサーモスタット作動温度が変更になったのに併せた。

●1970年5月
2＋2：1R.35816以降1R.43924まで
パーキングブレーキ・アッセンブリー変更。レバー長が伸び、端部に上向きの角度がついた。

●1970年8月
エンジンナンバー 7R.13199および7R.40326以降。
スプリットコーン背後、シャフト前端部に位置するクランクシャフトスペーサー（C.2173）は、Oリング（C.34065）つきのスペーサー（C.34064）に取って代わる。

OTS：1R.1776以降
FHC：1R.20955以降
大径トーションバー。

●1970年10月
エンジンナンバー 7R.14049以降。
サーモスタット変更。

エンジンナンバー 7R.14075以降。
排気（C.35555）および吸気（C.35556）カムシャフト変更。後部にあったオイルが通過するドリル穴は、オイル消費を軽減するため廃止。

●1970年12月
エンジンナンバー 14269以降。
エンジンナンバーの次には数字ではなくアルファベットが続き、圧縮比を示すようになった。上記エンジンナンバー以降の表示は以下の通り。
H－高圧縮比
S－標準圧縮比
L－低圧縮比

オプション

燃料注入キャップ。施錠式
キーホルダー(革製)
シリンダーブロック用ヒートエレメント(240V)。カナダ仕様は適用外。
熱線入りテールゲートガラス(透明ガラス)
熱線入りテールゲートガラス("サンダイム"ガラス)
テールゲートの熱線作動警告灯(琥珀色)

警告灯用座金
ワイアスポークホイール(クロームメッキ)
ホワイトウォールタイア
(注意:ハードトップが用意されたが、ジャガーのオプションカタログには記載されていない)
上記はジャガー社がパーツリストに掲げたオプション一覧である。

カラースキーム

1968年8月以降および1969年

ボディ	室内
Cream	Black
Warwick Grey	Red, Dark Blue, Cinnamon
Dark Blue	Red, Light Blue, Grey
Black	Red, Grey, Cinnamon
Pale Primrose	Black, Beige
Willow Green	Grey, Suede Green, Beige, Cinnamon
British Racing Green	Suede Green, Beige, Cinnamon
Ascot Fawn	Red, Beige, Cinnamon
Sable	Beige, Grey, Cinnamon
Light Blue	Dark Blue, Grey, Light Blue
Regency Red	Beige, Grey
Signal Red	Black, Red, Beige

1970年および1971年3月まで

ボディ	室内
Old English White	Black
Warwick Grey	Red, Dark Blue, Cinnamon
Ascot Fawn	Red, Beige, Cinnamon
Willow Green	Grey, Suede Green, Beige, Cinnamon
Dark Blue	Red, Light Blue, Grey
Black	Red, Grey, Cinnamon
Sable	Beige, Grey, Cinnamon
Light Blue	Dark Blue, Grey, Light Blue
Regency Red	Beige, Grey
British Racing Green	Suede Green, Beige, Cinnamon
Pale Primrose	Black, Beige

シャシーナンバー/日付

モデル	製造年	シャシーナンバー RHD	シャシーナンバー LHD
ロードスター(OTS)	1968−1970	1R.1001	1R.7001
クーペ(FHC)	1968−1970	1R.20001	1R.25001
2+2	1968−1970	1R.35001	1R.40001

エンジンナンバーには"7R"の頭文字がつく。

シリーズ3 5.3ℓ V12

ボディ

Eタイプの最終型であるシリーズ3のボディ型式はロードスターと2+2のみで、クーペはカタログから落とされた。2つのモデルのうち、ロードスターは2+2用の105in(266.7cm)ホイールベース・シャシーを採用したため、ボディ面での変更が大がかりになった。ドアとシルが長くなり、フロアパンはその長さ深さとも寸法が増した。

両モデル共にトレッドが拡がったので、4つのフェンダーにフレアが小さく張り出した。同じ理由でリアのホイールアーチも若干大きくなっている。ボンネット先端の開口部下には水平に大きなエアダクトが設けられ冷却を助ける一方、ボンネットエアインテークすぐ内側のエアダクトはラジエターへいたる空気の流れをよくするため若干手直しを受けた。

トランクの床は、大型化した燃料タンクを収容するため、位置が低められた。オーバーライダーには新たにゴムがついたのと同時に、後方衝突基準に合致するため、リア内部構造に、大きなボックスセクションが横方向に設置された。ベルハウジングの寸法が大きくなったため、ギアボックストンネル頂部のバルクヘッドが変更になった。

シャシーナンバー1S.21029以降のアメリカ仕様ではフロントに衝撃吸収式バンパーチューブが付いた。

10年前に登場した荒削りな3.8と比べると、シリーズ3Eタイプは全く性格の異なる車に変身した。素晴らしい5.3リッターV12エンジンのおかげで、スポーツカーとしての性能とステータスは大いに息を吹き返したが、Eタイプのコンセプトそのものが旧態化しているのは否めなかった。写真の黒い車は最後に造られた50台の内の1台、1974年製と思われる。

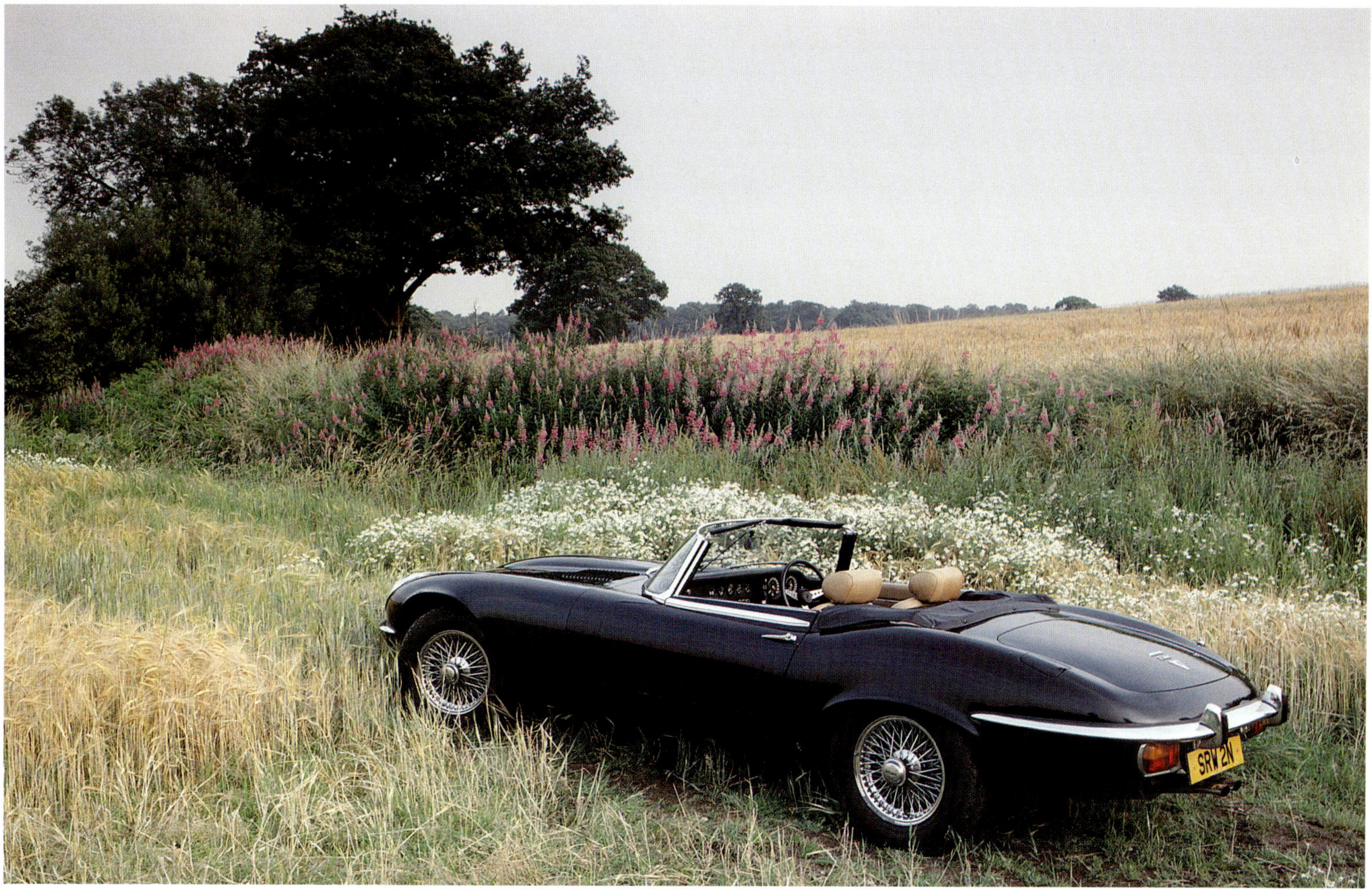
SRW 2N

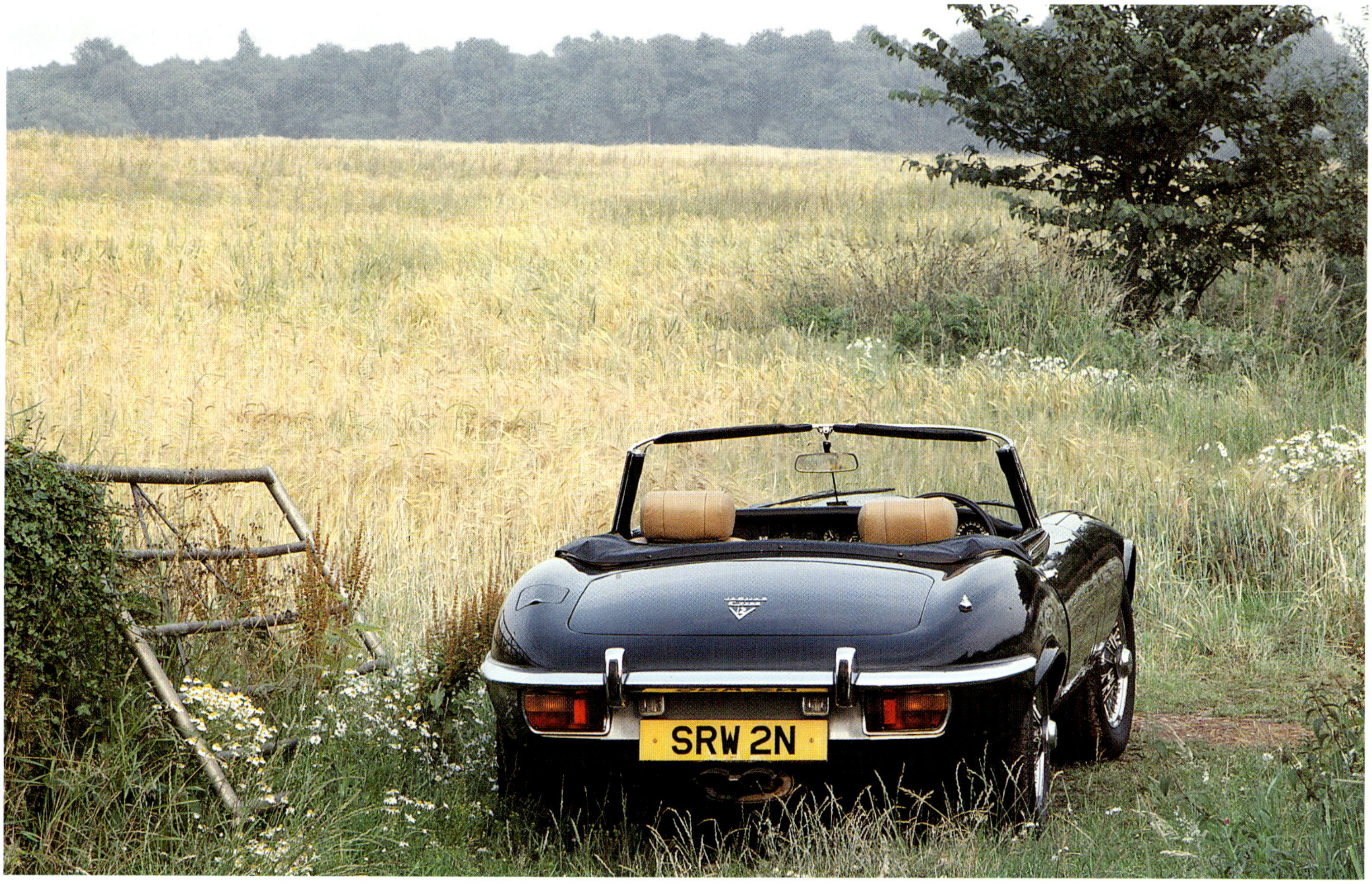
SRW 2N

クーペは生産中止になったので、ロードスターと併売されたのは2+2だけだった。サンルーフはメーカーオプションではないが、この車には新車時から付けられていたと思われる。オリジナルスタイルのエレガンスを失い、Eタイプに本来備わっていた純粋なスポーツカーとしての性格が薄れたシリーズ3 2+2は、成功作とは言えなかった。アメリカでは、あきれるほどよく壊れる車との評価が定まってしまい、これも状況を悪くした。ちなみにジャガーはこの時すでにブリティッシュ・レイランドの傘下に入っていた。ジャガーがこのモデルを造ったのは誤りであり、新型エンジンには全く新しいパッケージこそ相応しいという意見が大勢を占めている。

ボディトリム

　シリーズ3になって最も目立つ変更点は、ボンネット先端の開口部に初めてグリルが付いたことだ。水平方向にバーが走り、周囲を2つのパーツが取り囲む。中央にはエンブレムを支える垂直バーと、丸形エンブレムが位置する。エンブレムは別としてこれらパーツは全てクロームメッキだ。

　開口部下に新設された、空気取り入れ口の先端部周囲をクロームのモールが囲む。ボンネット後部のエアアウトレットをカバーするグリルは、シリーズ2のパーツと共用だ。

　時が経過するに従い、また連邦安全基準が厳しくなるに連れ、3種類のオーバーライダーが登場した。最初はクロームメッキのオーバーライダーにゴム製インサートが小さく付いただけだった。1972年および1973年型アメリカ仕様には、環状のコラプシブル型スチール製フロントオーバーライダーが備わった。こいつはぐいと前方に迫り出した代物だった。こうしてEタイプのフロントはひたすら美しさを失っていくのだが、とどめはアメリカ仕様最終型ロードスターが採用したタイプで、これはさらに前後に大きく張り出していた。なお、最終型オーバーライダーは"エナソーブ"と呼ばれる炭化水素系ゴムでできており、マウントも専用だった。

　オーバーライダーが1回目の変更を受けた際、フロントバンパーも変わったが、2回目の変更時には変わらなかった。一方、リアバンパーの方はエナソーブ・オーバーライダー導入に伴って変更になっている。

　カナダ、アメリカ、ドイツ仕様ではフロントのナンバープレートは、車を前方から見てグリルの左下に付く小さな長方形の板が支えた。一回目のオーバーライダー変更に伴い、この板も変更になった。リアナンバープレートはと言うと、イギリス仕様では従来通り、オーバーライダーのすぐ内側に固定されたブラケット2個が長方形のプレートを支持する。輸出仕様では基準に従い正方形のプレートを中央のブラケット1個が支えた。

上：ついにフロントグリルが付いた。シリーズ3になっての代表的な変更点だ。

右：フロントグリルには中央に縦の線が一本走り、ジャガー頭部のエンブレムが付いた。

右：先代の"4.2"のエンブレムは"V12"に変わった。位置はロードスターの場合トランクリッド(写真)、2+2ではテールゲート上だった。

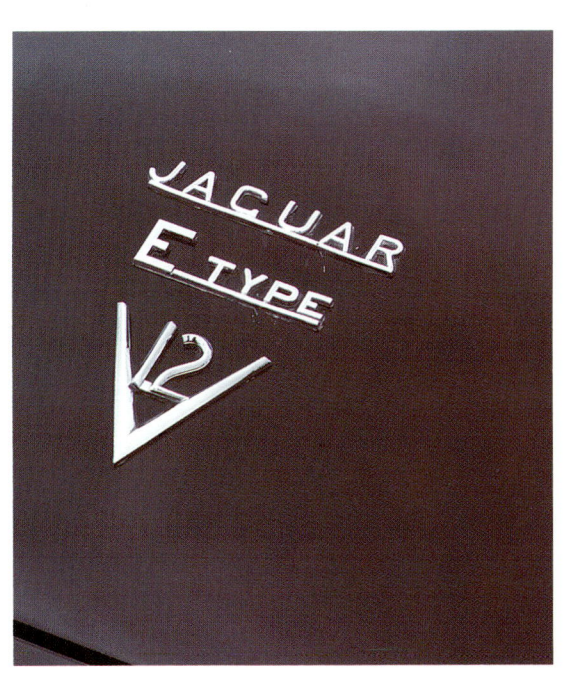

右端：シリーズ2およびシリーズ3 2+2のウィンドスクリーン基部が前方に大きく迫り出しているのがよくわかる。

ロードスターのトランクリッドと2+2のテールゲートには共通の"JAGUAR"と"E-TYPE"のエンブレムが付いており、この2つは4.2とV12の間で互換性がある。"4.2"のエンブレムは言うまでもなく"V12"に代えられた。"V"の間に"12"が収まるデザインである。2+2のテールゲートに付くウィンドー周りのクロームモールに変更はないが、各種エンブレムの上には新たに長方形の通風グリルが小さく設けられた。

　ヘッドライト周りのクロームパーツはシリーズ2から変更がなく、ロードスターと2+2の間で互換性がある。先代のロードスターで受け継がれた、ドア上面につくクロームパーツは長さ、デザインともに変更になり、2+2に似たストリップ形状となったが、幌のため2+2のようにリアフェンダーにまで伸びてはいない。

　基準によりロードスター、2+2共にドアあるいはフェンダーミラーが装着された。ミラーは国によっては法律で装着が義務づけられていた。オーストリア、ベルギー、デンマーク、ハワイ、オランダ、スイス、アメリカ、カナダ仕様では、運転席から見て左側にミラーC.28517を用いた。これに加えてオランダ仕様ではC.30827を左側に装着した。フランス仕様では右側にC.37719が指定された。

　ボンネットグリル、バンパーを始めとするクロームトリムは今日ほとんど再生産されているが、2+2のテールゲート通風口トリムだけは生産されていない。

灯火類

　ヘッドライトには車幅灯が内蔵された。詳細は以下の

左：エンブレムの変更に加えて、2+2のテールゲートには小さな角形の通風グリルが付いた。

通り。

C.34493：1S.1211/1S.50972までの右ハンドル車。

C.38338：上記以降1S.1775/1S.51705までの右ハンドル車。

C.39021：上記以降の右ハンドル車。

C.25654：1S.22333までのカナダおよびアメリカ仕様。

C.39812：上記以降のカナダおよびアメリカ仕様。

C.34495：フランス仕様。

C.35546：イタリア仕様。

C.34495：1S.25467までの上記以外の左ハンドル輸出仕様。

C.39803：上記以降のシャシーナンバーで、上記仕様以外の左ハンドル輸出仕様。

右ハンドル車は車幅灯バルブホルダーのタイプは1種類のみだが、左ハンドル車では2種類ある。

フロントライトの詳細は以下の通り（右ハンドル／左ハンドル）。

C.34710/C.35730＊：カナダおよびアメリカ仕様のロードスター（琥珀色）。＊私が思うにこれはパーツブックのミスプリントであり、C.34711が正しい。

左下：シリーズ2で初めて採用になった、ヘッドライトを取り巻くクロームトリムとその上のトリムは、V12でもそのまま引き継がれた。

左：テールのコンビネーションライトは輸出向け地の仕様に従い、ありとあらゆるパターンがあった。

下：シリーズ3以降ヘッドライト内部に車幅灯が組み込まれたので、バンパー下のライトは方向指示器としてのみ機能した。

C.34710/C.34711：カナダおよびアメリカ仕様の2+2（琥珀色）。
C.35729/C.35730：イタリア仕様のロードスター（白）。
C.33940/C.33941：1S.72625までのイタリア仕様の2+2（白）。
C.35729/C.35730：上記以降のイタリア仕様の2+2（白）。
C.31839/C.31840：上記以外の全ての輸出仕様（琥珀色）。

テールライトの詳細は以下の通り。
C.33182/C.33183：1S.50145/1S.71036までのアンゴラ、カナダ、ギリシア、モザンビーク、ポルトガル、アメリカ仕様（赤）。
C.35129/C.35130：1S.51761/1S.74822までの上記以降の上記輸出仕様（赤）。
C.33951/C.33952：1S.51761/1S.74822までの上記以外の全ての輸出仕様（赤／琥珀色）。
C.35129/C.35130：1S.51762/1S.74823以降のカナダおよびアメリカ仕様（赤）。
C.39294/C.39295：1S.51762/1S.74823以降の上記以外の全ての輸出仕様（赤／琥珀色）。

シリーズ3のナンバープレート照明灯はシリーズ2と共通であり、後退灯はシリーズ2と同様。サイドマーカーライトは別物である。

シャシー

フロントサブフレームは主に大きなV12エンジンを収容するためいくつかの変更を受けた。アッパーチューブはガセットプレートを追加することで長くなった。同チューブはこのプレート部分でトップクロスメンバーと交わる。このクロスメンバーはボルトによりはずせるようになったので、エンジンを降ろすのが楽になった。やはりガセットプレートが追加になったロワーチューブは、エンジン下を走る1本のチューブラーメンバーにより固定される。ラジエターフレームにも細かな変更が施された。このフレームはスタビライザーのマウントプレートを内蔵する。

フロントサスペンション

フロントサスペンションの基本構造に変更はないが、注目すべき変更がいくつか加えられた。なかでも重要なのはアッパーウィッシュボーンに5°の、ロワーウィッシュボーンに2°の角度が付き、アンチダイブ効果を得た点だ。トレッドは3$\frac{1}{4}$in（82.5mm）広くなった。

加えてアッパーウィッシュボーンの支点のベアリングがメンテナンスフリータイプになり、ガーリング製"モノチューブ"ダンパーが採用になった。フロントの車高はスネールカム・アジャスターにより調整がきくようになった。エンジンルーム後部にあるトーションバーのリアマウントが変更された。2枚の鉄製プレートが背中合わせにボルト留めされ、I断面構造を形成する。このプレートがフロントバルクヘッド直後のボディ下面にボルト留めされた。

ウィッシュボーンの新品は手に入り難いようだ。

リアサスペンション

フロント同様、リアサスペンションの設計も従来通りだが、420Gサルーン用のウィッシュボーンと長いドライブシャフトを採用して、トレッドが3$\frac{1}{4}$in（82.5mm）拡がった。結果としてスプリングとダンパーの傾斜角が深くなった。ガーリング製"モノチューブ"ダンパーがリアにも採用になった。

ファイナル・ドライブ

デフユニットはソールズベリー製のパイポイド式である。"パワーロック"LSDが採用された。AT車のレシオはイギリス仕様で3.07：1、アメリカ仕様で3.31：1、マニュアル車ではそれぞれ3.31：1と3.54：1だった。

ブレーキ

ブレーキ系統の基本はシリーズ2から変更されていないが、フロントのベンチレーテッドディスクの径が大きくなり（283.9mm）、厚みを増して（23.9mm）制動力が高まった。ボディ下にダクトが追加になり、リアブレーキの冷却を補った。

キャリパーは今では一般には使用されないタイプであり、次第に入手が難しくなっている。ベンチレーテッド・フロントディスクとグルービングの施されたリアディスクは手に入る。

ステアリング

V12エンジンゆえ前輪荷重が増えたため、両モデル共パワーステアリングが標準になった。

シリーズ3ではラックマウントも新しくなり、中にゴムを挟んだ2枚の金属板により形作られた。コラムマウントには、過大な荷重がかかると自ら破損して重要部品

左：1961年の発表以来、初めてフロントサスペンションにかなり大がかりな変更があった。ウィッシュボーンに角度を付けてアンチダイブ効果を取り入れたのだ。

を保護するナイロン製シヤーピンが採用になった。

シリーズ3のステアリングホイールは、一回り小径のディッシュタイプで、リムは革巻き、スポークは梨地仕上げのアルミ製だ。中央部は発泡プラスチックが込められ、それをカバーするパッド付きプラスチックの上面にはジャガーの頭部が浮き彫りされている。

新型エンジン用サブフレームのおかげでステアリングホイールの切れ角が増し、ロックからロックまで70°回るようになった。

ホイール

リム部にクロームの装飾パーツが付く塗装済スチールホイールが標準。クローム仕上げのプレススチール製とクロームワイアがオプションだった。リム幅は従来の5インチから6インチに広くなった。

タイア

ダンロップSPスポートER70VR15ラジアルを履いた。ホワイトウォールタイアはオプションだった。

室内トリム

ロードスターではホイールベースが伸びたため、シート背後のラゲッジスペースが従来より9in(228.6mm)長くとれるようになった。またシートのリクライン角が増えるという余録もあった。ラゲッジスペースにはヒンジ付きの蓋が備わった。

シートはフレーム、構造を始めとして全てが完全な新設計になった。2+2ではリクライニングレバーにエクステンションが付いて、後席からもフロントシートの背もたれロックを解除できるようになった。両モデル共、本革が張られるのは表面部だけで、側面と裏面は合成皮革のアンブラ張りだった。中央部分は細かな孔が開いていた。ヘッドレストは装着が義務づけられている国もあればオプション扱いの国もあった。幌を降ろすと幌用トノーカバーがシート背面まで前方に伸びた。

ドアパネルはアームレストとドア引手を兼ねる新しいデザインが特徴だった。また従来は総金属製だった室内灯スイッチがプラスチック製になり、ドアピラーに設けられた点も特徴だった。室内ドアハンドルそのものに変更はないものの、位置が楕円形をした窪みの中に移った。従来この窪みはずっと後方まで伸びてドアの引手をも内蔵していた。

衝撃脱落式室内ミラーには防眩機構が備わり、新しい黒仕上げのホルダーで支持された。フランス仕様ではシャシーナンバー1S.20116および1S.72490以降は別タイプの室内ミラーが備わる。このミラーと標準ミラー共にロードスターと2+2の間で互換性はない。

ペダルには小さな改良が2箇所に施された。両モデルを通じてプラスチック製一体型アクセルペダルが採用になり、専用のヒンジはなくなった。AT車ではブレーキペダルの幅が広くなった。

パーセルトレーが両モデルに備わった。中央グラブボックス蓋の開閉はスタッドピンを雌型ソケットに差し込むタイプになった。2+2の天井はナイロン製で、色はグレーかベージュだった。ロードスターの幌は例外なくビニール製だった。

エアコン装備の車では吹き出し口兼内部循環ダクトの外観が変わった。2+2にはコートハンガーが備わり、ラジオ用ツインスピーカーがリアシート座面の上方、リアサイドウィンドーすぐ下に取り付けられるようになった。ロードスターでもスピーカーの取り付け位置は同じだが、このモデル専用の真空成形パネルが張られた。

オーストラリア、カナダ、アメリカ仕様以外、全ての2+2ではリアシートのバックレストは可倒式だった。2+2の場合リアホイールアーチ部の内装には2種類あった。初期型はかなり角張った形のアンブラ仕上げで、特に初期の車にはパイピングが施されていた。後期型は発泡プラスチック成形で一層角張っていた。ロードスターの場合、リアホイールアーチ部にプラスチックパネルが被さった。

下：ロードスターのトランクルームフロアは、1枚物のハーデューラ製マットで覆われた。

右下：この写真では3世代目のジャッキが見えるほか、リアバルクヘッド・トップパネルに開けられたアクセスパネルが写っている。インボードブレーキとデフユニットを整備する際、ここから手を入れた。

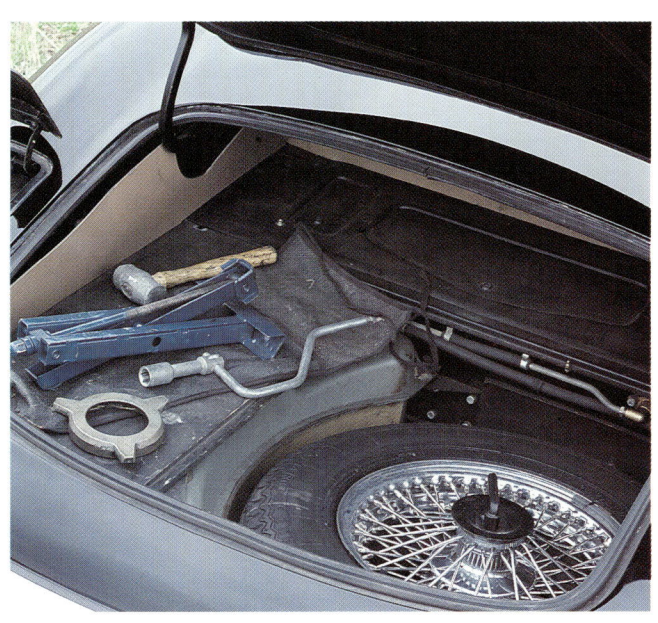

右：1970年5月以降の2＋2 V12ではパーキングブレーキレバーが長くなり、上に向かって角度が付いた。センターコンソールは真空成形になり、模造皮革の仕上げが施された。

右端：ダッシュボードにはこの車が最後に造られた50台のロードスターのうちの1台であることを示すプラックが貼ってある。

右端：シリーズ3Eタイプのプラスチック製一体型アクセルペダル。もはや独立したヒンジはない。

右：ロードスターのホイールベースがその分長くなり座席背後に23cmの余裕がとれ、ラゲッジスペースが長くなった。ヒンジ付きの蓋が備わったので、物を入れても見た目がすっきりとし、安全でもあった。

左：シリーズ3のステアリングホイールは一回り小径のディッシュタイプで、リムは革巻きだ。

ダッシュボードと計器類

 ダッシュボードは本質的に同じだが、細かい変更が数多くある。スイッチパネルと各機能を示す細長いパネルはシリーズ2と互換性がある。スイッチ自体は一見すると同じようだが別物だ。熱線リアウィンドーを備えるか否かで、各機能を示す細長いパネルは2種類あった。

 シリーズ2同様、シガーライターはダッシュボードからラジオコンソールに移動し、ラジオ取り付け部分の蓋のすぐ上に位置する。しかし左ハンドル車にオプションのエアコンを装着すると、操作パネルがこの部分を占領した。シガーライターがセンターアームレストに位置する車もある。センターコンソールは黒の真空成形品で模造皮革仕上げだった。トランスミッションがマニュアルかATか、エアコン付きか否かでコンソールも異なる。

 見慣れた、角度と刻みの付いたクロム仕上げのヒーターノブはシャシーナンバー1S.1741、1S.21985、1S.51655、1S.74627以降変更になった。

 燃料計、バッテリーコンディション・ゲージに変わりはないが、油圧、水温計は変わった。クーラントゲージもシリーズ3生産中に変更になっている。中央マウントの時計は右ハンドルロードスターでわずか4台、左ハンドルでわずか25台造られただけで姿を消した。2+2の場

右：長いホイールベースゆえ、ドアはずっと長く、幌はずっと大きくなった。

右端：ロードスターの生産は2＋2がカタログから落ちた1973年あともなお1年続き、1974年9月に生産を終えた。とはいえオイルショックの煽りを受けて晩年の需要は急激に先細っていった。

上：シートに革が張られるのは表部分だけで、側面、背面は合成素材のアンブラ張りだった。ヘッドレストはオプションだった。

右：乗員にシートを倒すのを忘れないようにと呼びかける小さなサインはサイドウィンドー上に位置が移った。

TILT SEATS BEFORE LOWERING OR RAISING TOP

下：ドアはデザインが変わり、ドアハンドルが納まる窪みはシリーズ1½や2とは異なり後方には伸びていない。

右：V12ロードスターは2＋2同様、ドアの腰の高さにクロームモールドが走る。ただし2＋2とは異なり、リアフェンダーまで伸びていない。

右端：写真の車では幌のバッグが前方のシート後部にまで伸びている。

87

室内を一望に見渡すこの一枚は、2+2のサンルーフを開けて撮影した。

2+2の室内を捕らえたこの写真には、シリーズ3で採用になったアームレスト兼ドアの引手が写っている。

左：V12 2+2のリアレイアウトは概要従来型から変更がない。リアシートを前方に折り畳めばたっぷりした空間が拡がる。

上：新車当時に取り付けた、8トラックのステレオプレーヤーが時代を感じさせる。

右上：新しいステアリングホイールのボスにはパッドが張ってあり、プラスチック製のジャガーがドライバーを挑発する。

合シャシーナンバー1S.50205および1S.71494以降変更になっている。

当然ながらV12になってレブカウンターは変更になった。一方スピードメーターはマニュアルのシリーズ2用を流用した。スピードメーターはリアアクスルレシオによって変わるし、mph表示、km/h表示によっても変わる。2.88：1のアクスルが装着できるようになって（mph表示でC.30914、km/h表示でC.29545）、スピードメーターはもう1種類増えた。

シートベルト装着警告灯が備わる車もある。

エンジン

シリーズ3は全く新設計のV12エンジンを搭載する。60°V12で排気量は5343cc。90mmのボアに対してストロークが70mmのオーバースクエアだ。軽合金が広範囲にわたって使用された。XKエンジンとは異なり、V12のブロックはアルミ砂型鋳造だ。結果、新エンジンはそれまでの6気筒に対し重量増39kgに留まっている。

3プレーンクランクシャフトはEN 16Tモリブデン鋼鍛造に、さらなる硬度と強度を求めて"タフトライド（Tuftrided）"加工を施されている。7個のメインジャーナルは76.2mm径、6個のビッグエンドジャーナルは58.4mm径で、ここにコンロッドが2本一組で付く。クランクシャフト先端にボルト留めされるスチールとゴムでできたダンパーを備えるため、トルク反動は軽減されている。

ヘップワース・グランデージ製ピストンはLM 13Pアルミの圧力鋳造、シリンダーヘッドはLM 25 WPアルミの砂型鋳造だ。

エンジンパーツは例外なく今でもジャガー・ディーラーから入手できる。リビルド作業を請け負うショップは様々にして、その質も玉石混淆だ。

キャブレター

ラジエター頂部に固定された、グラスファイバー製デフレクタートレーより伸びたエアクリーナーボックスの吸気チューブ、左右トランペットエンド2箇所に集められた吸入気から吸気系統は始まる。一つは外気温に応じて、もう一つはバキュームサーボモーターに通じるヒートセンサー（フィルターのクリーンエア側に位置する）が送る信号に応じて、暖められた空気が、排気マニフォー

ルド上にマウントされたステンレス製シュラウドより送風され、外気と混ざり合う。これは次にACデルコ製紙製エレメントを通過し、4基あるゼニスの175CDSEキャブレターに送り込まれる。同キャブレターは複合材による遮熱ブロックと紙製ガスケットを介してプレナムチェンバーの下半分にボルト留めされている。

プレナムチェンバーの下半分はアルミ鋳造で、一体型バランスパイプと水路を内蔵している。各々の鋳物の上面にはアルミのアッパー部分がボルト留めされ、このアッパー部分は2個の3ブランチ・マニフォールドに分岐する。同マニフォールドはリブの切られたカムカバー上を跨ぎ、この部分で吸入ポートのアッパー、アウター面とボルトにて接合する。吸入ポートの長さは二つの目的に適うように決められた。一つは吸入ラム効果をうまく活かせるように。これにより中速域のトルクを大幅に増強できるのだ。二つ目は低いボンネットラインを可能にするためだ。

アメリカ、カナダ、スウェーデン仕様のシリーズ3にはゼニス・ストロンバーグの175CD 2SEタイプが付いた。これには排ガス規制用の変更が施され、メタリングニードルの生産上許容誤差が、通常より厳しく設定されていた。ストロンバーグのパーツは一部入手しずらくなりつつある。

冷却系統

シリーズ3にはマーストン製"スーパパック"タイプ、大容量4列バーチカルフロー・ラジエターが付いている。1インチ(25.4mm)の間に16の波形があり、総表面積は2700cm²に達する。低いボンネットラインに収めるためにラジエターは前傾している。2基のシュラウド付きファンのブレードは11in(28cm)径で、ラジエター底から伸び

エンジンオイルクーラーにいたる、メインフィードホースに組み込まれたスイッチにより作動する。0.9kg/cm²型のキャップがエクスパンションタンクに備わる。同タンクはラジエターの一番上の面よりさらに1in(25.4mm)高い所にある。このタンクには3本のエアブリードチューブが繋がっている。1本はラジエター頂部から、2本は吸気マニフォールドからだ。

AT車では、ラジエターの底に独立したクーラーが付き、冷えた冷却水がトランスミッションオイルの熱を吸収する。

Eタイプ最終型の心臓は新しい5.3リッターV12。まずEタイプに使用された後に、サルーンにも載せられるようになった。

排気量5.3リッターの新型エンジンは絹のように滑らかなパワーと無類の柔軟性を併せ持っており、その後長らく生産された。このように大きなエンジンをEタイプのボンネット下に収めるのは容易な仕事ではなかった。

上：V12では燃料噴射も試したジャガーだったが、シリーズ3 Eタイプには4基のストロンバーグ・キャブレターが組み合わされた。

右上：初期型V12には扇型に拡がった4本のテールパイプが特徴だったが、1973年3月以降は2本出しになった。

排気系統

V12エンジンの排気システムは、片側バンクあたり2本の短いダウンパイプから成り立っている。これが組み立て式のジョイントボックスを介して片側バンクあたり1本のパイプへと繋がる。2本の2in(5.1cm)長メインパイプは相互を結び付けるバランスパイプに接合し、そのまま2個のメインサイレンサーと1個の中央後部サイレンサーに繋がる。

最初はクローム仕上げのパイプが4本、扇状にテールから顔を覗かせていたが、1S.1741/1S.22046および1S.51617/1S.74662以降ツインパイプに戻った。

電気系統

シリーズ3の重要な新機軸は、量産車にして初めてルーカス製"オーパス・マークII"電子制御点火システムを採用した点である。

リザーバーから独立した新型ウォッシャーモーターが採用になり、ボンネットパワーバルジ最後端部の中央ジェットハウジングに仕込まれたジェット2個から強力なスプレーをウィンドスクリーンに吹きつけた。ロードスターのウィンドスクーンも大型化したので、かつては2+2専用だった2本の2速、セルフパーキング式ワイパーが採用になった。

トランスミッション

ホイールベースが伸びたおかげで、ロードスターにもATを組み合わすことができるようになった。両モデル共、ボーグ・ワーナーのモデル8に代わってモデル12が載った。セレクターポジションは従来のP／R／N／D2／D1／LタイプからP／R／N／D／2／1に変更になった。機械式キックダウンリンケージもスロットルリンケージに変わった。同リンケージには、キックダウンバルブを作動するソレノイドに連結するマイクロスイッチが備わった。

XJ12に搭載されたモデル12トランスミッションはEタイプとは互換性がない。Eタイプのユニットはリアクラッチに付くプレートが1枚多く、フロントサーボも大型だからだ。

油圧作動ボーグ・ベック製ダイアフラム式クラッチはV12に備えてサイズが9$\frac{1}{2}$in(241.3mm)から10$\frac{1}{2}$in(266.7mm)に大型化された。

生産上の変更点
シリーズ3 5.3ℓ V12

＊OTS：ロードスター

●1971年7月
OTS：1S.1005以降
2+2：1S.50176以降
AT車のブレーキペダルとブレーキペダルプレート・アッセンブリー変更。

OTS：1S.20025まで
2+2：1S.71370まで
アメリカ仕様の水温計からレッドゾーンがなくなる。

●1971年11月
OTS：1S.1005以降1S.20025まで
2+2：1S.50203以降1S.71476まで
ウィンドスクリーン・ウォッシャーポンプからウォッシャージェットに伸びるチューブにコネクターが挿入される。この変更によりボンネットの着脱が容易になった。「パーツナンバーC.33835のコネクターはEタイプ全車に装着できる……」

OTS：1S.1093以降1S.20099まで
2+2：1S.50592以降1S.72332まで
3.31：1のファイナル・ドライブ・クラウンホイールとピニオンの歯が変更になり、外観がやや変わる。クラウンホイールには4HA-016-54の打刻、ピニオンには4HA-017-54の打刻。"7.5"という数字が記された金属製小プレートが、ファイナル・ドライブユニット・リアカバー締め付けネジ下についている。

●1971年12月
ステアリングコラムロックをステアリングコラムに固定するシャーヘッドボルトの取り付け位置が変更。

OTS：1S.1005以降1S.20025まで
2+2：1S.50167以降1S.71234まで
ユニバーサルジョイントをアッパーおよびロワーステアリングコラムに固定するピンチボルト変更。新しいボルトは軸部が長い。

エンジンナンバー7S.2824以降
キャブレターガスケット変更。「ガスケットの色はピンク。キャブレター着脱の際は必ずこのガスケットに交換すること。ガスケットの材質により遮熱性能が優れるため、従来これとは別に装着したヒートインシュレーターはもう必要なくなった。」

エンジンナンバー7S.4510以降
クランクシャフト・スラストワッシャー変更。新しいワッシャーの接合面は金色。従来型の内側隅は垂直だったのに対し、新型は傾斜している。

OTS：1S.1152以降1S.20122まで
2+2：1S.50872以降1S.72357まで
パーキングブレーキの設計変更（C.36270）。右ハンドルと左ハンドル車で共用になる。

●1972年3月
OTS：1S.1040以降1S.20091まで
2+2：1S.50379以降1S.72319まで
ヒーターおよびチョークコントロール変更。左右対称のレイアウトに。

OTS：1S.1163以降1S.20135まで
2+2：1S.50875以降1S.72450まで
霜取りフラップが従来のケーブルとピニオンギア作動からケーブルと連結ロッド作動に変更。

●1972年4月
MT車のオプションとして3.07：1の最終減速比。

OTS：1S.1210以降1S.20169まで
2+2：1S.50968以降1S.72662まで
出荷輸送中、車両が動かないようにセンタークロスビームとリアダンパーのロワーマウント部にブラケット採用。牽引用ではない。

OTS：1S.20169まで
2+2：1S.72661まで
カナダおよびアメリカ仕様全車にリモートコントロール・ドアミラー。

OTS：1S.1232以降1S.20175まで
2+2：1S.51049以降1S.72687まで
ステアリングコラムロックがブリタックス製からワゾー製に。

OTS：1S.1236以降1S.20173まで
2+2：1S.51016以降1S.72682まで
室内にコントロールレバーつきの新型外気導入ベント備わる。

●1972年5月
エンジンナンバー7S.6310以降
新しい軽量型ピストンアッセンブリー。

エンジンナンバー7S.7001以降
MT車のスターターモーターとフライホイール変更。AT車のドリブンプレート変更。

OTS：1S.20169まで
2+2：1S.72661まで
アメリカ仕様全車にシートベルト装着警告灯採用。

●1972年6月
OTS：1S.1304以降1S.20558まで
2+2：1S.51247以降1S.73337まで
エンジンを雨から遮蔽するシールド前部を固定するため、吸気マニホールド上に支持ブラケット追加。

OTS：1S.1348以降1S.20569まで
2+2：1S.51263以降1S.73372まで
トーションバーのアジャスターカムのカムプロファイルが大型化。

エンジンナンバー7S.7155以降
コンロッド・ビッグエンドにつくシェルベアリング変更。オイル導入口が廃止になる。

●1972年8月
エンジンナンバー7S.7560以降
電圧の変動に対して回路内の電流を一定に保つ、バラストレジスターがプリント配線に。

●1972年10月
エンジンナンバー7S.7785以降
ウォーターポンプとホース変更。

エンジンナンバー7S.7856以降
コンロッド・スモールエンド側のオイル導入口が廃止になる。

●1972年12月
OTS：1S.1443以降1S.20921まで
2+2：1S.51318以降1S.73372まで
路面状況によりステアリングが取られる傾向があったため、ラックピニオン・アッセンブリーのピニオンバルブ変更。

エンジンナンバー7S.8189以降
ライニング材が改良された新型メインベアリング。

OTS：1S.21029まで
密閉式燃料系統にチャコールキャニスター採用。

●1973年1月
パワーアシスト・ラックピニオン・アッセンブリー変更。以降"W"の接頭辞で識別される。

ギアボックスナンバーKL.4241以降
ニードルローラーベアリング変更。

●1973年2月
エンジンナンバー7S.8444以降
排ガス対策済みエンジンでは、サーモスタット作動のバキュームスイッチが右側冷却ブランチパイプ後部に備わる。付随するホースは廃止になる。

エンジンナンバー7S.9034以降
排ガス対策済みエンジンに、エアフィルター一体型の改良型エアインジェクションポンプ装着。

エンジンナンバー7S.9679以降
コイルとバラストレジスター、エンジン後部右側に移動。エンジン駆動のベルトに手が届きやすくするため。

エンジンナンバー7S.9715以降
XJ12サルーン用の改良型ボーグ・ワーナー・モデル12型AT採用。

●1973年3月
OTS：1S.21576まで
2+2：1S.74261まで
カナダとアメリカ仕様には3.31：1の最終減速比を、その他の仕様には3.07：1を採用。

OTS：1S.1665以降1S.21662まで
2+2：1S.51617以降1S.74312まで
改良型燃料フィルターには窪んだ形状の金属フィルターがつき、燃料コックはつかない。トランクバル

クヘッドパネルの最右端に位置する。

OTS：1S.1741以降1S.22046まで
2+2：1S.51318以降1S.74662まで
4本のエグゾーストテールパイプが2本に変更。

OTS：1S.22272まで
2+2：1S.74769まで
西ドイツ仕様エンジンは、ECE15ヨーロッパ排ガス基準に合致。

● 1973年4月
OTS：1S.1663以降1S.21606まで
2+2：1S.51610以降1S.74266まで
リアブレーキへのエアダクト改良、地上高が増えた。従来ディーラー装着だったが、ライン装着になった。

● 1973年5月
エンジンナンバー 7S.10799以降
XJ12サルーン用クランクシャフト装着。

● 1973年6月
リアサスペンションのリアハブスペーサーがスチール製からリン青銅製に変更。クリック音を除くのが目的。

● 1973年7月
エンジンナンバー 7S.12065以降
マニフォールドハウジングとともにオイルポンプアッセンブリー変更。

● 1973年10月
カナダおよびアメリカ仕様のカムプロファイル変更。

エンジンナンバー 7S.14000／ギアボックスナンバー KL.6772以降
シンクロ作動スリーブ変更。前進ギアでのギア抜けを防ぐため。

エンジンナンバー 7S.14341／ギアボックスナンバー KL.7098以降
ギアボックスカウンターシャフトの材質変更。

● 1974年1月
OTS：1S.23240まで
2+2：1S.74586まで
アメリカ連邦衝突基準に合致するため、ゴム製オーバーライダーのついた5mphバンパーを前後に装着。

● 1974年2月
エンジンナンバー 7S.16210以降
プラグ性能を向上するため、ハイテンションコイルと電圧ブースター採用。

● 1974年10月
OTS：1S.2450以降1S.23419まで
カナダ、日本、アメリカ仕様を除く全輸出仕様のエンジンはECE15ヨーロッパ排ガス基準に合致。

● 1974年11月
エンジンナンバー 7S.17074以降
バルブタペット変更。

オプション

キーホルダー
燃料注入キャップ。施錠式（アメリカ／カナダ仕様を除く）
シリンダーブロック用ヒーター（カナダ仕様は適用外）
ディタッチャブル・ハードトップ（ロードスター）
熱線入りテールゲートガラス（2+2）
電動アンテナ

上記はジャガー社がパーツリストに掲げたオプション一覧である。

カラースキーム

1971年3月以降1972年10月まで

ボディ	室内
Old English White	Black, Red, Dark Blue, Light Blue
Warwick Grey	Red, Dark Blue, Cinnamon
Ascot Fawn	Red, Beige, Cinnamon
Willow Green	Grey, Suede Green, Beige, Cinnamon
Dark Blue	Red, Light Blue, Grey
Black	Red, Grey, Cinnamon
Sable	Beige, Grey, Cinnamon
Light Blue	Dark Blue, Grey, Light Blue
Regency Red	Beige, Grey
British Racing Green	Suede Green, Beige, Cinnamon
Pale Primrose	Black, Beige
Signal Red	Black, Red, Beige

1972年10月以降

ボディ	室内
Old English White	Black, Red, French Blue, Dark Blue
Fern Grey	Moss Green, Olive, Tan
Regency Red	Biscuit, Cinnamon, Russet Red
Turquoise	Tan, Terracotta, Cinnamon
Dark Blue	Red, French Blue, Russet Red
Green Sand	Tan, Olive, Cinnamon
Sable	Cinnamon, Biscuit, Moss Green
Heather	Maroon, Antelope, Cerise
British Racing Green	Biscuit, Moss Green, Cinnamon
Lavender Blue	French Blue, Biscuit, Dark Blue
Signal Red	Black, Biscuit, Dark Blue
Pale Primrose	Black, Biscuit, Red
Azure Blue	Dark Blue, Biscuit, Cinnamon

ブラックとシルバーが特注で指定できた。最後の50台は黒塗装。ただし最後から2台目を除く。

シャシーナンバー／日付

モデル	製造年	シャシーナンバー RHD	シャシーナンバー LHD
ロードスター（OTS）	1971-1974	1S.1001	1S.20001
2+2	1971-1973	1S.50001	1S.70001

エンジンナンバーには"7S"の頭文字がつく。

バイヤーズガイド

「決して衝動買いをしてはいけない」 Eタイプをこれから買おうとする読者が守るべき最初にしてとても大切なルールがこれだ。この車が"買い"なのは言うまでもない。その高性能と美しいスタイルにより、Eタイプは今もって世界有数の名車であり、歴史的にも極めて価値が高いことはだれでも認める事実だ。しかし購入に踏み切る前に、必ず充分な知識を蓄えていただきたい。綺麗だからとついふらっとなりやすい人、中古車の世界に疎い人が陥る落とし穴はいたるところに口を開けている。私が冒頭警告したゆえんだ。

80年代終盤Eタイプの価値が急に高騰したため、功罪相半ばする結果を招いた。つまり、これでようやくこの車が本来持っていた価値が正しく認められるようになった。これが良いほうの結果だ。Eタイプよりはるかに実力が劣るくせに、安易に希少価値があるときめつけられ、それだけの理由で高値を呼び、身分不相応に祭り上げられてきた車とようやく肩を並べられるようになった。一方、この車にはよい値がつくとばかり良心のかけらもない中古車業者がEタイプを買いあさった。これが悪いほうの結果である。

私は瀟洒なショールームや、業者専門のオークションで非の打ち所のないEタイプを何台も目にしている。それだけにうまうまと悪い手口に乗せられた素人オーナーが気の毒でやるせなくなる。一時凌ぎの修理を施しただけの、どうにもならない"くず"に途方もない値がついている。これが現状だ。

だから重ねて申し上げる。じっくり時間を掛け、売り物を隅から隅まで入念に点検し、熱心なオーナー諸氏と話を重ね（クラブイベントに行けば会えるはずだ）、専門家に相談していただきたい。自分自身の何年にも及ぶ経験から、そのなかには苦い経験もあるのだが、私はうまい話には始めから疑ってかかる術を身につけた。楽しい習性ではないが、これも自分を守るためだ。

古い車の世界で私が信用できる相手はごく一握りに過ぎない。しかしひとたびこの人物なら大丈夫という業者を見つけたら、価格相応の車を手に入れられると思ってよいだろう。端的に言って、本当にいい車が欲しければ最高値を払うしかない。問題なのは見た目がどれほど素晴らしかろうとも、中身はぼろぼろという車がほとんどであるという点だ。綺麗なのは上っ面だけ。実態はレストアの材料にしかならない、体裁を取り繕っただけの車を掴まされる危険に満ち満ちているのがこの世界だ。

レストア済みの車を買うのか、レストアするための素材を買うのか、まずこの点をしっかり決めていただきたい。その中間にある車にはくれぐれも注意を要する。

どちらに決めたにせよ、次に問題になるのはどうしたって懐具合だろう。一つだけ条件がつくが、これが一番という買い方をお教えしよう。見た目は見すぼらしくても欠品がなく、ちゃんと走る車をお買いなさい。高価ではないはずだし、買った後その車の価値を徐々に実感できるはずだ。条件とは読者自身がレストア作業に立ち向かう必要があることで、これがなかなかに難物なのだ。

多くの読者は自力でレストアするなど到底無理と思われるだろう。時間しかり、経験しかり、道具類しかり。しかし最近ますます新品のパーツやアッセンブリーが手に入るようになり、プラズマ切断機やミグ溶接機が安く普及しているので、レストアを巡る環境はかつてなく整ってきている。

私が上に述べた方法が他と比べてずっと良いとお勧めするには、理由が一つならずある。金が掛からず、作業の喜びを味わえる。いや、むしろプロにレストアを委ねると10件のうち9件までが嫌な思いをするというのが一番大きな理由だ。こう言うと読者は意外に思われるかもしれないが、私自身、あるリペアショップの取締役を務めており、数件のリペアショップの顧客でもあったので、このように申し上げる資格はあると思う。

レストアショップというのは難しい商売なのだ。オーナー一人が全ての作業をこなすのであれば別で、実はこのやり方こそが理想に近い。大手のレストアラーは部品納入業者や従業員、あるいは下請けに作業を任さざるを得ない。しかし概してそういうやり方ではレストアはうまく行くはずがないのだ。評判のよい所は見た目がぱっとしないというのはそういう理由による。全てに目が届く作業をするには小規模でやるしかないのだ。

Eタイプに話を戻そう。購入前に入念に点検すべきポイントは、ほかのどこよりもまずボディだ。私の経験からすると、ほんのわずかな腐食、例えばシルに2箇所かさぶたが膨れているだけでも、その車はボディの全面的なリビルドを免れない。

ボディを全面的にリビルドするというのは容易ならざ

る作業だ。まず車を完全にストリップダウンする。モノコックを修復する。塗装して再度組み上げる。この最後の作業中に、予期せぬ仕事が後から後から出てくるはずだ。パーツが以前のように動いてくれない。あるいは取り外しの際に壊してしまったという具合だ。また内装をやり直す必要があるかも知れないし、ある程度は機械部分の手直しを要するかも知れない。仕上がったばかりの塗装面を傷つけないように、ボディトリムを一つ残らず取り付ける。これだけでも時間と費用のかかる厄介な作業だ。

私の知っているオーナーはこんな経験をした。これなら間違いないと信じて最高値でEタイプを購入した。当の本人はほんの僅か塗装を補修するつもりで工場に入れたところ、完全なリビルドが必要なことがわかり、3万ポンド以上の請求書をつきつけられる羽目になった。結果的にこのオーナーは事実上完全な新車を手に入れたことになるのだが、それならまずもってなぜ最初に最高値で購入する理由があったのだろう。車の端から端まで、ボルト1本にいたるまで最良の状態にあるという確信がないかぎり、大枚を払ってはならない。

Eタイプの価値が急上昇したおかげでレストアが投資面でも見合うようになった、これは愛好家にとっては心強い現象だ。世に言うプリスタイン・コンディション、つまりオリジナルから一切改造を加えていない車に高値がつきつつあるので、必要な金額を投じて状態のよい車に仕上げる価値がでてきた。心行くまでレストアを楽しめるし、万が一車に対する興味がなくなったり、状況が変わっても、投資額を回収できるようになってきた。

ここで細かい点に少し触れておこう。シルがバルクヘッドサイドパネルとリアフェンダーに接合する部分には必ず指で触れてみよう。同様、リアバンパー下のリアクォーター、ボンネット頂部のつなぎ目（ボンネットの交換部品は見つけやすいが、かなり高価なのだ）、ドアの下側部分、床、トランク床（必ずスペアホイールを外して点検する）、インナーフェンダー、リアシャシーレグも入念に点検する。

車の価値から見るとオリジナル度は重要だ。それにオリジナルパーツがそのまま使えたり、リビルドがきくと費用が抑えられる。エンジンを換装していないことも譲れない条件だ。まして金になるならどんな作業も厭わない業者によって、いわゆるロードスターに姿を変えたクーペなど決して手を出してはならない。それから数限りない小さなパーツがよい状態にあり、完備していることも大切だ。質が首尾一貫したレストアに仕上がるかはこうした小さなパーツ次第だからだ。なお、これら小パーツの大半は新品が手に入る。

せっかくEタイプを買う気になっているのに、なんて疑い深くて悲観的で、水を差すようなアドバイスなんだろう。ここまで私の一文を読んでくださった読者のそうおっしゃる顔が目に浮かぶようだ。不本意ながら敢えて意図的にそういう書き方をしたのだ。読者が購入に踏み切った暁には、ああ、買ってよかったという満足感を堪能して頂きたい、泥沼にはまり込み、こんな車幻滅だと後悔して欲しくないという思いから、前もって注意していただきたい点を書き連ねた次第だ。

最後は明るいトーンで締めくくることにしよう。Eタイプは他とは比べようがないほど素晴らしい車だ。運転が楽でしかも速い。コーナリングは安全でしかも楽しい。希少性もある。凡俗な車のなかで際立っており、乗っては快適。後世に語り継がれるべき大いなる資質を備えた車だ。なかでも時代を超越したセンセーショナルなスタイルは最大の美点で、オーナーはこの美しさに酔いしれるのだろう。

最後にもう一言。きちんと整備したEタイプは完全に実用の足となりうる。それがEタイプの設計コンセプトでもあるのだ。毎日とはいかなくても、ごく日常的に乗れる。そうすれば車もドライバーもバッテリーはいつもフルチャージ状態だろう。

納車台数

年	イギリス国内販売			輸出販売		
	OTS	FHC	2+2	OTS	FHC	2+2
1961(3.8)	257	91	—	1368	297	—
1962	263	833	—	2486	2671	—
1963	111	301	—	1931	1778	—
1964	125	334	—	1274	1362	—
1964(4.2)	53	108	—	357	358	—
1965	338	895	1	1882	2146	—
1966	225	271	578	2089	1648	2015
1967	236	220	400	2274	1000	902
1968	202	203	246	1892	921	1457
1968(SⅡ)	55	86	81	859	468	556
1969	350	383	490	3867	2011	2765
1970	286	483	299	3191	1454	1134
1971	1	—	—	19	16	—
1970(SⅢ)	—	—	—	—	—	6
1971	169	—	799	144	—	2595
1972	410	—	539	1266	—	1752
1973	872	—	489	2256	—	1118
1974	280	—	—	2582	—	—
1975	4	—	—	2	—	—

注）上記は顧客の手に渡った車両台数で、年間生産台数とは若干差があるはずだ。